U0139624

中文版 Moldflow 2021版

模流分析 从入门到精通

李珺 黄建峰 汪历 编著

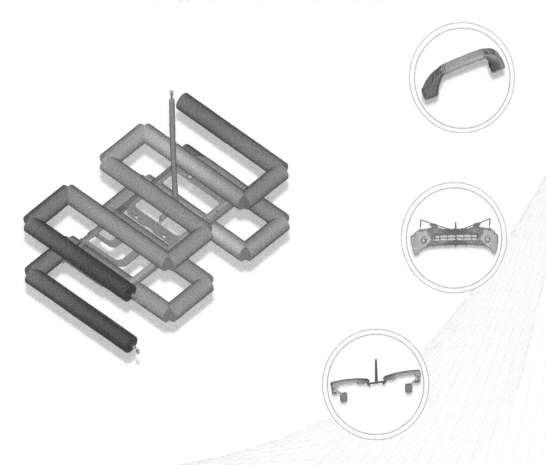

机械工业出版社
CHINA MACHINE PRESS

Autodesk Moldflow（简称 AMF）是全球注塑成型 CAE 技术领先的仿真软件，用于解决塑料注压成型方面的诸多问题。其高级的建模分析工具和简明的用户界面有助于用户解决如零件翘曲、冷却管道效率及周期时间不可控等相关制造难题。本书图文并茂，笔者把多年的实战经验、专业知识及 Autodesk Moldflow 2021 软件的实战技能进行了有机融合。全书共 8 章，介绍了 Autodesk Moldflow 2021 模流分析基础、创建分析模型、网格划分与缺陷修复、注塑成型工艺与优化分析、制件变形与翘曲模流分析案例、时序控制模流分析案例、重叠注塑成型模流案例分析以及气辅成型模流分析案例。同时，随书配备了与案例相关的设计素材和结果文件，全部案例均可实时扫码观看。

本书是一本模流分析相关技术的进阶教程，定位于案例实操，适合模流分析工程师、模具设计师、项目工程师和产品设计师等从事相关模流分析的技术人员，也适合大中专院校机械、模具和数控设计等相关专业的师生，还适合模流培训班学员以及广大模具设计爱好者。

图书在版编目（CIP）数据

中文版 Moldflow 模流分析从入门到精通：2021 版 / 李珺，黄建峰，汪历编著 . —北京：机械工业出版社，2022. 7
（CAD/CAM/CAE 工程应用丛书）
ISBN 978-7-111-70923-7

Ⅰ.①中…　Ⅱ.①李…②黄…③汪…　Ⅲ.①注塑–塑料模具–计算机辅助设计–应用软件　Ⅳ.①TQ320. 66-39

中国版本图书馆 CIP 数据核字（2022）第 096652 号

机械工业出版社（北京市百万庄大街22号　邮政编码100037）
策划编辑：丁　伦　责任编辑：丁　伦
责任校对：徐红语　责任印制：单爱军
北京虎彩文化传播有限公司印刷
2022 年 7 月第 1 版第 1 次印刷
185mm×260mm · 15.5 印张 · 381 千字
标准书号：ISBN 978-7-111-70923-7
定价：89. 90 元

电话服务　　　　　　　网络服务
客服电话：010-88361066　机　工　官　网：www.cmpbook.com
　　　　　010-88379833　机　工　官　博：weibo.com/cmp1952
　　　　　010-68326294　金　书　网：www.golden-book.com
封底无防伪标均为盗版　机工教育服务网：www.cmpedu.com

前 言
PREFACE

本书背景

Autodesk Moldflow 基于对注塑模具专业相关技术知识的积累和创新，改变了传统的基于经验的试错法，更重要的是，它实现了与 CAE 的整合优化，通过与诸如 ALGOR、ABAQUS 等机械 CAE 的协合，对成型后的材料物性/模具的应力分布展开结构强度分析，这一提升，增强了 Autodesk Moldflow 在欧特克制造业设计套件 2021 中的整合度，可以更加协同和柔性地展开设计工作。Autodesk Moldflow 2021 在设计和制造环节向广大用户提供了两大模拟分析软件：Autodesk Moldflow Adviser 和 Autodesk Moldflow Insight。本书着重介绍 Autodesk Moldflow Insight 模块。

本书内容

本书图文并茂，共分 8 章，具体内容如下。

● 第 1 章：本章主要介绍有限元分析的理论基础和 Autodesk Moldflow 2021 软件的入门基础知识。

● 第 2 章：本章主要介绍如何在 Autodesk Moldflow 中创建几何分析模型。Autodesk Moldflow 提供了两种建立几何分析模型的方式：一种是导入外部几何模型，另一种是在软件内部建立几何模型。

● 第 3 章：本章主要介绍 Autodesk Moldflow 分析模型的网格划分和缺陷修复方法，模型及网格的修复可以在 Autodesk Moldflow 中进行，也可以在 CADdoctor 模型修复医生软件中进行。

● 第 4 章：本章主要介绍 Autodesk Moldflow 的注塑成型工艺的专业知识和技术，以及相关的模流优化分析方案。

● 第 5 章：本章通过一个工厂实战案例——制件变形与翘曲模流分析，详细讲解了 Autodesk Moldflow 在手机壳注塑成型模流分析案例中的操作流程和对常见制件缺陷的处理方式。

● 第 6 章：本章通过一个工厂实战案例——时序控制模流分析，详细讲解了针对汽车塑胶产品（前保险杠）模具在注塑成型过程中出现的熔接线问题的有效解决方法。

● 第 7 章：本章通过一个工厂实战案例——重叠注塑成型模流分析，展示了 Autodesk Moldflow 中的重叠注塑分析的全流程，利用模流分析结果找出在实际注塑时遇到问题的解决方法。

● 第 8 章：本章通过两个工厂实战案例分别对满射法气辅成型和短射法气辅成型技术

进行了全流程讲解，重点是气辅成型时对工艺参数的调试技巧和方法。

本书特色

概括来说，本书具有以下特色。

• 以"本章导读、案例展现、界面与命令详解、案例分析、步骤分解"等版块贯穿全书，详细到每一个参数都有具体的设置方法介绍，帮助读者在学习软件技能和专业技术的过程中，不光明白"应该怎么做"，更能明白"为什么这么做"。

• 提供了多个工厂实战案例，目的是为了让读者学习除软件技能之外的模具设计、产品设计及模流分析等相关方面的专业知识，并能做到举一反三地将所学知识应用到实际生产中。

• 部分章节提供了相关的工厂技术资料，可以帮助读者完成从熟练操作软件到模流分析评估的职业化过渡。

• 书中介绍的实战案例，除了文字和图片描述的操作步骤之外，还可以通过随书配套的带语音讲解的教学视频配合读者进行学习，每一个视频均可以通过手机扫描案例旁的二维码实时进行观看或下载，方便读者随学随用。

• 本书采用双色印刷方式，模流分析案例主要是看分析结果，分析结果是通过图例来展示的，采用双色的方式可以使得重点划分更加清晰，这极大地方便了读者对于模流分析结果的认识和研习。

本书是一本模流分析相关技术的进阶教程，定位于案例实操，适合模流分析工程师、模具设计师、项目工程师和产品设计师等从事相关模流分析的技术人员，也适合大中专院校机械、模具和数控设计等相关专业的师生，还适合模流培训班学员以及广大模具设计爱好者。

感谢您选择了本书，希望我们的努力对您的工作和学习有所帮助。由于水平有限，书中不足之处在所难免，希望您把对本书的意见和建议告诉我们（请扫描封底二维码，加入本书读者俱乐部，享受更多学习资源）。

目 录
CONTENTS

第3章
P/ 52　CHAPTER3

网格划分与缺陷修复

第4章
P/ 82　CHAPTER4

注塑成型工艺与优化分析

第8章
P/203 CHAPTER8
气辅成型模流分析案例

第1章

Autodesk Moldflow 2021 模流分析基础

本章导读

Autodesk Moldflow 注塑成型仿真软件是面向模具设计和制造领域的辅助工具，其高级的模流分析工具和简明的用户界面有助于用户解决制造过程中遇到的实际难题，例如减少制造缺陷并加快产品上市速度。在本章中我们将学习有关 Autodesk Moldflow 软件的基础入门知识和注塑成型仿真的相关专业知识。

1.1 Autodesk Moldflow 有限元分析基础

Autodesk Moldflow 作为成功的注塑产品成型仿真及分析软件，采用的基本思想也是工程领域中最为常用的有限元法。有限元法的应用领域从最初的离散弹性系统发展到后来进入连续介质力学中，目前广泛应用于工程结构强度、热传导、电磁场和流体力学等领域。经过多年的发展，现代的有限元法几乎可以用来求解大部分的连续介质和场问题，包括静力问题和与时间有关的变化问题以及振动问题。

1.1.1 有限元法的基本思想与特点

简单来说，有限元法就是利用假想的线或面将连续介质的内部和边界分割成有限大小的、有限数目的、离散的单元来研究。这样就把原来一个连续的整体简化成有限个单元体系，从而得到真实结构的近似模型，最终的数值计算就是在这个离散化的模型上进行的。直观上，模型物体被划分成网格状，在 Autodesk Moldflow 中将这些网格状的单元个体称为单元网格（mesh）或单元格，如图 1-1 所示。

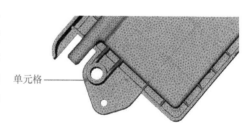

单元格

图 1-1　有限元网格模型

1. 有限元法的基本思想

有限元法的基本思想包括如下几个方面。

- 连续系统（包括杆系、连续体、连续介质）被假想地分割成数目有限的单元，单元之间只在数目有限的节点处相互连接，构成一个单元集合体来代替原来的连续系统，在节点上引进等效载荷（或边界条件），代替实际作用于系统上的外载荷。

- 由分块近似的思想，对每个单元按一定的规则建立求解未知量与节点相互之间的关系。

- 把所有单元的这种特性关系按一定的条件（变形协调条件、连续条件或变分原理及能量原理）集合起来，引入边界条件，构成一组以接点变量（位移、温度、电压等）为未知量的代数方程组，求解它们就得到有限个接点处的待求变量。

因此，有限元法实质上是把具有无限个自由度的连续系统理想化为具有有限个自由度的单元集合体，使问题转化为适合于数值求解的结构型问题。

2. 有限元法的特点

有限元法正是由于它的诸多特点，在当今各个领域都得到了广泛应用，具体表现如下。

- 原理清楚，概念明确。
- 应用范围广泛，适应性强。
- 有利于计算机应用。

1.1.2 注塑成型模拟技术

注塑成型模拟技术是一种专业化的有限元分析技术，可以模拟热塑性塑料注射成型过程中的充填、浇口和型腔中的流动过程，计算浇注系统及型腔的压力场、温度场、速度场、剪切应变速率场和剪切应力场的分布，从而可以优化浇口数目、浇口位置和注塑成型工艺参数，预测所需的注射压力和锁模力，并发现可能出现的短射、烧焦、不合理的熔接痕位置和气穴等缺陷。

作为行业的主导和先驱者，Autodesk Moldflow 的注塑成型模拟技术也经历了中性面（也可简称中面）模型、表面（双层面）模型和三维实体模型 3 个发展阶段。

1. 中性面模型技术

中性面模型技术是较早出现的注塑成型模拟技术，其采用的工程数值计算方法主要包括基于中性面模型的有限元法、有限差分法和控制体积法等。其大致的模拟过程如图 1-2 所示。

图 1-2　中性面模型分析过程

中性面模型技术具有如下优点。

- 技术原理简明，容易理解。
- 网格划分结果简单，单元数量少。
- 计算量较小，即算即得。

由于中性面模型技术仅考虑产品厚度小于流动方向的尺寸，塑料熔体的黏度较大，将熔体的充模流动视为扩展层流，忽略了熔体在厚度方向的速度分量，因此所分析的结果是有限且不完整的。

2. 表面（双层面）**模型技术**

表面模型技术将型腔或制品在厚度方向上分成两部分。与中性面模型不同，它不是在中性面，而是在型腔或制品表面产生有限网格，利用表面上的平面三角网格进行有限元分析。

相应地，与基于中性面的有限差分法在两侧进行不同，厚度方向上的有限差分仅在表面内侧进行。在流动过程中，上下两表面的塑料熔体同时并且协调地流动。其大致的模拟过程如图 1-3 所示。

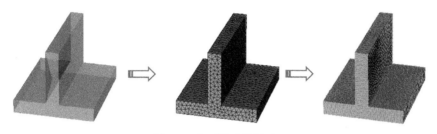

图 1-3　表面模型分析过程

Autodesk Moldflow 的 Fusion 模块采用的就是表面（双层面）模型技术，它基于 Autodesk Moldflow 的独家专利 Dualdomain 分析技术使用户可以直接进行薄壁实体模型分析。

虽然，从中性面模型技术跨入表面模型技术，可以说是一个巨大进步，也得到了用户的好评，但是，表面模型技术仍然存在如下一些缺点。

- 分析数据不完整。
- 无法准确解决复杂问题。
- 缺乏真实感。

3. 三维实体模型技术

Autodesk Moldflow 的 Flow3D 和 Cool3D 等模块通过使用经过验证的、基于四面体的有限元体积网格解决方案技术，可以对厚壁产品和厚度变化较大的产品进行真实的三维模型分析。

实体模型技术在数值分析方法上与中性面流技术有较大变化。在实体模型技术中熔体在厚度方向上的速度分量不再被忽略，熔体的压力随厚度方向变化。其大致的模拟过程如图 1-4所示。

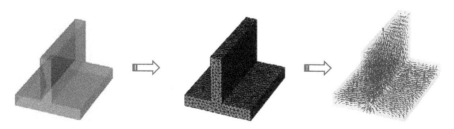

图 1-4　三维实体模型分析过程

与中性面模型或表面模型相比，由于实体模型考虑了桶体在厚度方向上的速度分量，因此其控制方程要复杂得多，导致相应的求解过程也复杂得多、计算量大且计算时间长，这是基于实体模型的注塑流动分析目前所存在的最大问题。

1.1.3 注塑制品的质量管理与常见缺陷处理方法

在注塑生产过程中，由于机器设备及人为操作等原因，制品经常出现各种各样的品质缺陷。在 Autodesk Moldflow 应用之前，大多数注塑操作者仅凭积累的工作经验进行处理，不仅盲目调机时间长，而且原料还浪费较大，对一些问题缺乏科学的系统性分析。

1. 制品的质量管理

在实际注塑成型生产中，人们总是希望不要产生废品，但是由于受到注塑原料、成型模具、注塑机及辅助设备、成型环境等因素的影响，总会出现各种各样的质量问题，因此注塑制品的质量管理显得极为重要。

质量管理包括正确选择注塑机型、原材料的控制、模具的有效管理、注塑工艺操作与调整、推行品质检查与全面品质管理、建立完善的品质保证体系、选择适当的控制方法以及实现品质的网络化管理等方面。

质量管理是一项系统、复杂和烦琐的工作，没有固定的模式，各个企业应该根据自身的特点确定自己的管理思路及管理方法。总之，品质要常抓不懈、持之以恒，这样才能抓出效果和品质。影响制品质量的因素包括如下几方面。

- 对注塑件有精度和质量（表面和内在）的要求。
- 注塑件的精度取决于塑料材料、模具、注射工艺、制品的结构等。
- 对于大制品，成型条件的波动所造成的误差占制品公差的 1/3；对于小制品，模具的制造精度占制品精度的 1/3，单个型腔的制品精度较高，运动型芯的部位精度较低，浇注系统、冷却系统、脱模力设计不当均会使制品变形从而影响精度。
- 大批量生产中，要保证每次注射时所有型腔流动和固化条件（时间、温度和压力均影响收缩）的一致性。
- 提高注塑件的精度，主要依赖模具的设计与制造，而保证注塑件的质量主要靠对注射工艺的控制，与流道系统关系密切。

2. 常见制品缺陷及处理方法

常见制品缺陷及处理方法如下所述。

（1）短射

短射是指由于模具型腔填充不完全造成的制品不完整的质量缺陷，即熔体在完成填充之前就已经凝结，易出现在偏薄胶位及角落位置，如图 1-5 所示。

造成短射的原因如下所述。

- 流动受限，由于浇注系统设计得不合理导致熔体流动受到限制，流道过早凝结。
- 出现滞留或制品流程过长、过于复杂。
- 排气不充分，未能及时排出的气体会产生阻止熔体流动压力。
- 模温或料温过低，降低了熔体流动性，导致填充不完全。
- 成型材料不足，注塑机注塑量不足或者螺杆速率过低也会造成短射。
- 注塑机的缺陷，入料堵塞或螺杆前端缺料。

短射的解决方案如下所述。

- 避免迟滞现象发生。
- 尽量消除气穴，将气穴位置设在利于排气的位置或利用顶杆排气。

- 增加螺杆速率。
- 改进制件设计,使用平衡流道,并尽量减小制件的厚度差异。
- 更换成型材料。
- 增大注塑压力。

(2)气穴

气穴是指由于熔体前沿汇聚而小塑件内部或在模腔表层形成的气泡。其现象为表面有气泡孔、真空气泡,通常在 PC 透明料中比较容易出现,如图 1-6 所示。

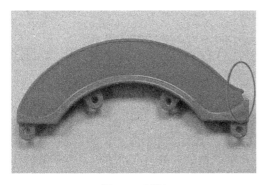

图 1-5　短射

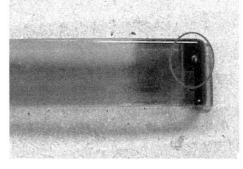

图 1-6　气穴

造成气穴的原因如下所述。

- 跑道效应。
- 滞留。
- 不平衡,即使制件厚度均匀,各个方向上的流长也不一定相同,导致气穴产生。
- 排气不充分。

气穴的解决方案如下所述。

- 平衡流长。
- 避免滞留和跑道效应的出现,对浇注系统做修改,从而使制件最后填充位置位于容易排气的区域。
- 充分排气,将气穴位置设在利于排气的位置或利用顶杆排气。

(3)熔接痕与熔接线

当两个或多个流动前沿融合时,会形成熔接痕和熔接线。两者的区别是融合流动前沿的夹角的大小。图 1-7 所示的物品中很明显地可以看到制品表面出现的熔接线。

熔接痕和熔接线成因:由于制件的几何形状,填充过程中出现两个或两个以上的流动前沿时,就很容易产生了熔接痕和熔接线。

熔接痕与熔接线的解决方案如下所述。

- 增加模温和料温,使两个相遇的熔体前沿融合得更好。
- 改进浇注系统设计,在保持熔体流动速率的前提下减小流道尺寸,以产生摩擦热。

(4)飞边(披锋)

飞边是指在分型面或者顶杆部位从模具模腔溢出的薄层材料,如图 1-8 所示。飞边通常与制件相连,通常需要人工清除。

造成飞边的原因如下所述。

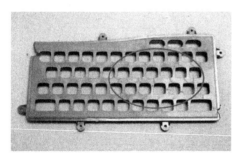

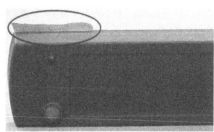

图 1-7　熔接线　　　　　　　　　　　　图 1-8　飞边

- 模具分型面闭合性差，模具变形或存在堵塞物。
- 锁模力过小。
- 过保压。
- 成型条件有待优化，如成型材料黏度、注塑速率和浇注系统等。
- 排气位置不当。

飞边的解决方案如下所述。

- 确保分型面能闭合得很好。
- 避免保压过度。
- 选择具有较大锁模力的注塑机。
- 设置合适的排气位置。
- 优化成型条件。

（5）凹陷及缩痕

凹陷及缩痕是注塑制品表面产生凹坑、陷窝或收缩痕迹的现象，由熔体冷却固化时体积收缩而产生，如图 1-9 所示。

造成凹陷及缩痕的原因如下所述。

- 模具缺陷。
- 注塑工艺不当。
- 注塑原料不符合要求。
- 制件结构设计不合理。

凹陷及缩痕的解决方案如下所述。

- 改进进料口及浇口的形状。
- 增加注塑压力与注射速率。
- 改善原料的成分，可适当增加润滑剂。
- 尽量保证制品壁厚的一致性。

（6）翘曲及扭曲

翘曲及扭曲都是产品脱模后产生的制品变形现象。沿边缘平行方向的变形称之为翘曲（如图 1-10 所示），沿对角线方向上的变形称之为扭曲。

造成翘曲及扭曲的原因如下所述。

- 冷却不当。
- 分子取向不均衡。

图 1-9 缩痕

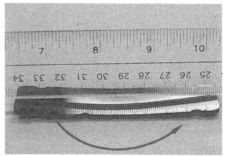

图 1-10 翘曲

- 浇注系统设计的缺陷。
- 脱模系统结构不合理。
- 成型条件设置不当。

翘曲及扭曲的解决方案如下所述。

- 合理改善冷却系统，应保证制件均匀冷却。
- 降低模温与料温，减小分析的流动取向。
- 合理地设置浇口位置和浇口类型。
- 适当增加注射压力、注射速率和保压时间等注塑工艺参数。

（7）烧焦

物品表面呈现烧焦状（即呈现灰黑色），易出现在结合线旁边或产品末端等位置，如图 1-11 所示。

造成烧焦的原因如下所述。

- 注塑射速、射压偏高。
- 料筒温度偏高。
- 模具排气不良。

烧焦的解决方案如下所述。

- 注塑降低射速、射压。
- 降低料筒温度。
- 模具增加排气。

（8）波纹

物品表面呈现波纹状，一般出现在浇口处，如图 1-12 所示。

图 1-11 烧焦

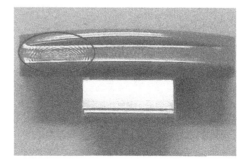

图 1-12 波纹

造成波纹的原因如下所述。

- 注塑射速、射压、保压偏小。
- 炮筒温度过低。
- 模具浇口太小。

波纹的解决方案如下所述。

- 注塑提高射速、射压、保压。
- 提高炮筒温度。
- 提高模温。

（9）顶凸

物品表面有白色印记，一般位于顶针的背面，如图 1-13 所示。

造成顶凸的原因如下所述。

- 注塑保压偏高。
- 顶出速度太快。
- 冷却时间不够。
- 模具有倒扣或拔模角度不够。
- 顶针截面积偏小。

顶凸的解决方案如下所述。

- 注塑降低保压，放慢顶出速度，延长冷却时间。
- 提高射速、射压、保压，提高炮筒温度，以及提高模温。

（10）拉白

物品表面呈白色、将断不断的状态。一般出现在薄壁转角处或薄壁筋根部，如图 1-14 所示。

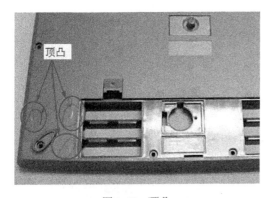

图 1-13　顶凸

图 1-14　拉白

造成拉白的原因如下所述。

- 注塑射速与保压时间偏高。
- 模具拔模角度不够。
- 转角位置的结构设计不合理。
- 顶杆位置设计不正确。

拉白的解决方案如下所述。

- 注塑降低保压和时间，放慢顶出速度，延长冷却时间。
- 降低射速、射压，增加模具拔模角度，转角处添加圆角以提高结构强度。

1.2 Autodesk Moldflow 2021 软件基础知识

在全面学习和应用 Autodesk Moldflow 2021 软件之前，需要做好充分准备，下面来了解一下相关的基础知识。

扫码看视频

1.2.1 Autodesk Moldflow 2021 软件模块介绍

Autodesk Moldflow 是全球注塑成型 CAE 技术领先的模流分析软件，实现了对塑料供应设计的标准，统一了企业上下游对塑料件的设计标准。更重要的是，Autodesk Moldflow 实现了与机械 CAE 的整合优化，通过诸如 ALGOR、ABAQUS 等机械 CAE 的协合，对成型后的材料物性/模具的应力分布展开结构强度分析，这一提升，增强了 Autodesk Moldflow 在欧特克制造业设计套件 2021 中的整合度，可以更加柔性和协同地开展设计工作。Autodesk Moldflow 2021 的设计和制造环节，提供了 Autodesk Moldflow Adviser（简称 AMA）和 Autodesk Moldflow Insight（简称 AMI）两大模拟分析软件，以及 CADdoctor for Autodesk Simulation（简称 MFCD）模型修复软件。

> **技术要点：**
>
> 在安装 Autodesk Moldflow 2021 相关软件模块时，事先一定要关闭各类杀毒软件和防火墙，以避免在生成网格时出现系统不能识别分析模型的情况出现。另外，AMA 由于不是模流分析的主流软件，因此本书不做具体介绍。而 AMI 和 MFCD 主要用于塑胶产品的实际生产，其分析结果不仅能帮助设计师进行良好的模具拆模和产品结构设计，还可以提高生产效率、节约材料和人工成本，以及提升产品质量等，因此本书主要介绍 AMI。

1. Autodesk Moldflow Adviser（AMA）

Autodesk Moldflow Adviser（简称 AMA）是入门级的模流分析软件，客户主要针对产品结构工程师和模具工程师。AMA 可以与当下主流三维软件 Creo、UG 等软件合并使用，也称【塑件顾问】，包含了塑料顾问和模具顾问。

AMA 主要的功能是对产品进行浇口最佳位置分析和流动分析。当产品结构工程师对产品进行改动时，可以对模具的浇口设计和其他系统设计提供必要的帮助。

- 易于创建浇流道系统：可对单模穴、多模穴及组合模具方便地创建主流道、分流道和浇口系统。
- 预测充模模式：快速分析塑料熔体流过浇流道和模穴的过程，以平衡流道系统，并考虑不同的浇口位置对充模模式的影响。
- 预测成型周期：模具设计师可以利用一次注射量和锁模力等相关信息选定注射机，从而优化成型周期并减少废料量。
- 快速方便地传输结果：AMA 的网页格式分析报告可以在设计小组成员之间方便地传递各种信息，例如浇流道的尺寸和排布以及塑料熔体流动方式。

AMA 对所选择的注射机支持如下 4 种分析模式。

1）Part Only：仅对产品进行分析。可确定合理的工艺成型条件，最佳的浇口位置，进行充模模拟及冷却质量和凹痕分析，从而辅助产品结构设计。

2）Single Cavity：对单模穴成型进行分析。要求建立浇流道，可进行充模模拟。

3）Multi Cavity：对多模穴成型进行分析。要求建立浇流道，可进行充模模拟及流道平衡分析，确定模穴的合理排布及优化浇流道的尺寸。

4）Family：对组合模穴成型进行分析，可一次成型两种或两种以上不同的产品。要求建立浇流道，可进行充模模拟及流道平衡分析，确定模穴的合理排布及优化浇流道的尺寸。

2. Autodesk Moldflow Insight（AMI）

Autodesk Moldflow Insight（简称 AMI）软件，作为数字样机解决方案的一部分，提供了一整套先进的塑料模拟工具。AMI 提供了强大的分析功能，优化塑件产品和与之关联的模具，能够模拟最先进的成型过程。现今，AMI 普遍用于汽车制造、医疗、消费电子和包装等行业，大大缩短了产品的更新期。

AMI 在确立最终设计之前，在计算机上进行不同材料、产品模型、模具设计和成型条件实验。这种在产品研发的过程中评估不同状况的能力，使得能够获得高质量产品，避免制造阶段成本提高和时间延误。

AMI 致力于解决塑料成型相关的广泛的设计与制造问题，对生产料件和模具的各种成型（包括新的成型方式），都有专业的模拟工具。该软件不仅可以模拟普通的成型，还可以模拟为满足苛刻设计要求而采取的独特成型。在材料特性、成型分析和几何模型等方面技术的依靠，让 AMI 代表最前沿的塑料模拟技术，可以缩短产品开发周期、降低成本，并且让团队可以有更多的时间去创新。

AMI 包含了超大的塑胶材料数据库。用户可以查到超过 8000 种的商用塑胶的精确材料数据，因此，能够放心地评估不同的候选材料或者预测最终应用条件苛刻的成型产品性能。在该软件中也可以看到能量使用指示和塑胶的标记，因此，可以更进一步地降低材料能量并且选择对可持续发展有利的材料。

> 🔲 **技术要点：**
>
> 目前，欧特克公司推出的 Autodesk Moldflow 2021 全模块软件包中包含了 MFIA_2021_FCS_Multilingual_Win_64bit_dlm. sfx 和 MFS_2021_FCS_Multilingual_Win_64bit_dlm. sfx 两个模块软件。
>
> - MFIA_2021_FCS_Multilingual_Win_64bit_dlm. sf（即 Autodesk Moldflow Insight 2021，简称 MFIIA 2021）模块是 Autodesk Moldflow 的解算器，也是软件的核心部分，没有它就不能完成复杂的模流分析，此模块软件可单独下载并独立安装。
> - MFS_2021_FCS_Multilingual_Win_64bit_dlm. sfx（即 Autodesk Moldflow Synergy 2021，简称 MFS 2021）模块是 Autodesk Moldflow 软件的前后处理界面（用户操作平台），包括模型输入、输出处理、网格划分、分析结果显示和分析报告制作等，该模块软件是必须要安装的。

3. CADdoctor for Autodesk Simulation（MFCD）

CADdoctor for Autodesk Simulation（简称 MFCD）是网格修复软件，网格划分的质量好坏

关系到成型质量好坏。由于模型本身结构很复杂，比如一些很细小的加强筋或凸起等，在Autodesk Moldflow 中网格划分后往往得到不好的网格，那么就需要利用 MFCD 对分析模型进行简化，去除一些细小的繁杂结构，因为这些不会影响或者极小影响整个注塑工艺的成型分析，基本上可以忽略这样的极小误差。

1.2.2　Autodesk Moldflow 2021 用户界面

当安装并注册了 Autodesk Moldflow 2021 的组件模块（包括 MFS 2021、MFIA 2021 和MFCD 2021）后，在桌面上双击 Autodesk Moldflow 2021 图标 即可启动 Autodesk Moldflow 2021 的欢迎界面，如图 1-15 所示。当新建工程或打开已有工程后，可进入模流分析环境中，Autodesk Moldflow 工作界面如图 1-16 所示。

图 1-15　Autodesk Moldflow 2021 欢迎界面

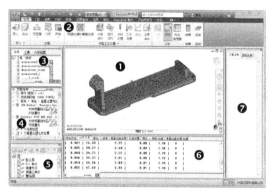

图 1-16　Autodesk Moldflow 2021 工作界面

1—【模型】视窗（图形区）　2—功能区　3—【工程】视窗
4—【方案任务】视窗　5—【层】面板
6—【日志】视窗　7—【注释】视窗

Autodesk Moldflow 2021 的工作界面非常美观，界面布局合理且图标清晰，使得软件操作变得极为方便，让新老用户可以更快上手。Autodesk Moldflow 2021 的工作界面主要由模型视窗、功能区、【工程】视窗、【方案任务】视窗、【层】视窗、【日志】视窗和【注释】视窗等界面元素组成。

1.【模型】视窗（图形区）

【模型】视窗（图 1-16 中的 1 区域）也称作【绘图区】或【图形区】，占据了整个用户工作界面的一多半区域，是用来创建模型、显示模型及分析结果的界面窗口。

2. 功能区

功能区处于快速访问工具栏下方（图 1-16 中的 2 区域），汇集了 Autodesk Moldflow 所有绘图及分析工具命令。功能区包含有多个工具选项卡，包括【主页】【工具】【查看】【几何】【网格】【边界条件】【结果】【报告】【开始并学习】和【社区】等选项卡，有些选项卡中的工具命令只有在进入新环境中时才会被激活，默认呈灰显（即灰色显示，为不可用状态）。

3.【工程】面板

在【模型】视窗左侧有两块面板：【工程】面板和【层】面板。

【工程】面板中包含【任务】选项卡（如图 1-17 所示）、【工具】选项卡（如图 1-18 所示）和【共享视图】选项卡（如图 1-19 所示）。

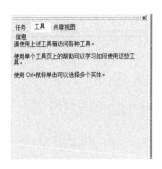

| 图 1-17 【任务】选项卡 | 图 1-18 【工具】选项卡 | 图 1-19 【共享视图】选项卡 |

（1）【任务】选项卡

【任务】选项卡又分为【工程】视窗和【方案任务】视窗两部分。

- 【工程】视窗（图 1-16 中的 3 区域）：【工程】视窗位于【任务】选项卡的上部，显示当前工程所包含的项目，用户可以对每个工程进行重命名、复制和删除等操作。

- 【方案任务】视窗（图 1-16 中的 4 区域）：【方案任务】视窗位于【任务】选项卡的下部，显示当前案例分析的状态，具体包括导入的模型、风格属性、材料、浇注系统、冷却系统、工艺条件和分析结果等。

（2）【工具】选项卡

【工具】选项卡在没有执行任何工具命令时，仅显示初步操作信息提示。当执行了功能区的【几何】选项卡、【网格】选项卡、【边界条件】选项卡及【优化】选项卡中的相关工具命令后，【工程】面板的【工具】选项卡中会显示相应的工具操作面板，以此进行属性设置和对象的创建。

（3）【共享视图】选项卡

在【共享视图】选项卡中将显示当前用户与其他设计者共同协作设计的工作视图。使用共享视图可以基于模型或设计的视觉表达来在线进行协作。例如为客户创建一个共享视图以请求批准，或者让现场销售团队能轻松访问共享视图以进行现场演示。使用当前用户提供的链接，任何人都可以查看共享视图并添加注释，而不用安装 Autodesk 产品。一旦有人对共享视图进行了注释，系统便会向当前用户发送一封电子邮件。当前用户可以直接从 Autodesk 产品中查看注释并进行回复，以及管理共享视图。共享视图功能不是免费使用的，需要购买许可。图 1-20 所示为共享视图的图解。

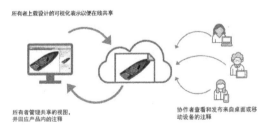

图 1-20 共享视图图解

4.【层】面板

【层】面板位于【工程】面板的下方（图 1-16 中的 5 区域），可将【层】面板拖出并放置于软件窗口的其他位置上。用户可以在【层】面板中进行新建、删除、激活、显示和设置图层等操作，合理配合运用这些层管理的相关功能，可以给操作带来非常大的便利。

5.【日志】视窗

【日志】视窗（图 1-16 中的 6 区域）位于【模型】视窗下方，用来显示运行状况以及记录操作。

6.【注释】视窗

【注释】视窗（图 1-16 中的 7 区域）在默认状态下是关闭的，需要在【报告】选项卡的【注释】面板中单击【注释】按钮📄后才显示。【注释】视窗用于显示和添加分析方案中的文字注释和图形注释。例如在【方案注释】选项卡中注入浇口位置和浇口数量信息，系统会自动保存这些信息。

1.3　Autodesk Moldflow 文件管理与视图操作

软件入门的下一步就是熟悉工程项目的创建与操作、视图的操控以及模型查看等基本操作。

1.3.1　工程文件管理

工程在 Autodesk Moldflow 中作为顶层结构存在，级别最高。所有的分析方案、分析序列、材料、注射位置、工艺设置及运行分析等组织分支都包含在创建的工程中。

1. 创建新工程

首次打开 Autodesk Moldflow 的欢迎界面后，需要创建一个新工程才能进入模流分析环境中。在功能区的【开始并学习】选项卡中单击【新建工程】按钮📄，或者在【工程】面板的【任务】选项卡的工程视窗中双击【新建工程】选项图标📑，会弹出如图 1-21 所示的【创建新工程】对话框。

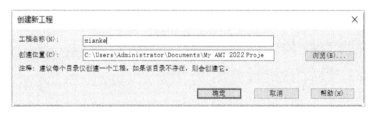

图 1-21　【创建新工程】对话框

- 工程名称：要创建新工程，需要输入工程名称，名称可以是英文、数字或者中文。

技术要点：

如果是多次输入名称时，要注意不能与前面所创建的工程同名。

- 创建位置：创建位置就是创建工程文件的工作目录，即工程文件的存储位置。默认的创建位置跟用户安装 Autodesk Moldflow 时的默认路径有关。单击【浏览】按钮 浏览(B)... 可以重新设置工程文件的存储路径。

单击【确定】按钮将创建新工程，随后自动进入该工程的 Autodesk Moldflow 模流分析环境中。此时的分析环境由于没有导入分析的模型，功能区中许多功能命令是呈灰显的，处于未激活状态。

2. 打开现有工程

如果用户已经创建了工程，并且是持续的工程设计中，可通过在【开始并学习】选项卡中单击【打开】按钮📁，或者在【工程】面板的【任务】选项卡的工程视窗中双击【打开工程】图标，从存储工程的工作目录中找到要打开的工程文件，单击【打开】按钮即可。

3. 关闭工程

当需要关闭当前的工程时，可打开应用程序菜单，执行【关闭】|【工程】命令即可，如图 1-22 所示。当然，还有另一种做法，就是在快速访问工具栏中单击【新建工程】按钮，重新创建工程并覆盖当前工程，如图 1-23 所示。

图 1-22　关闭工程的操作　　　图 1-23　新建工程以覆盖当前工程

1.3.2　导入和导出

创建了工程文件后，还要导入零件模型便于分析。导入的模型将自动保存在所创建的工程中。一个工程就代表了一个实际项目，每个项目中可以包含多个方案。

在【主页】选项卡的【导入】面板中单击【导入】按钮，在弹出的【导入】对话框中选择合适的文件类型后导入模型，如图 1-24 所示。

Autodesk Moldflow 自身保存的方案模型格式为 sdy，用户在该软件中还可以打开其他三维软件（如 UG、Creo、SolidWorks、CATIA 等）所产生的零件文件，以及常见的 udm 格式（CADdoctor 生成的文件）、

图 1-24　导入零件模型

stl 格式（表示三角形网格的文件格式）、igs 格式（表示曲面的格式）等文件类型。

技术要点：

udm 格式是通过 CADdoctor 生成的，这种模型是由特征表面连接而成，划分出来的网格排列非常整齐。udm 格式比 stl 文件的网格质量高，因为 stl 本身是小块的三角形单元，受这种小块三角形边界的影响，划分出来的网格就不可能那么整齐且有规律，匹配率也较低。udm 在导入时，可以自动创建一个曲线层和一个面层，但曲线层一般用处不大。一般来说，为保证计算精度，优先选择 udm 格式，其次为 igs 格式，再次为 stl 格式。

三种格式的比较如表 1-1 所示。

表 1-1　常用导入格式对比

格　式	优　点	缺　点	适 用 性
udm	可编辑；网格均匀；自适应网格	需要 CADdoctor 软件处理	对大多数模型都适用
igs	可编辑；可以定义不同区域网格密度；自适应网格；网格均匀；可导入曲线为单独层；圆柱为多个面构成	表面容易丢失；网格数量比 stl 多	网格质量依赖于 CAD 系统；制品几何简单
stl	圆柱为一个面构成；很少丢失面	不可编辑；减小弦高设置会增加网格数量；网格匹配较低	弦高设置影响很大；网格受初始 stl 面片影响

打开零件模型后，在弹出的【导入】对话框中提示用户必须选择一种网格类型。【导入】对话框中有 3 种网格类型供用户选择，如图 1-25 所示。

 技术要点：

> 如果导入的是 sdy 方案文件，则不会弹出【导入】对话框。将直接进入工程项目中。

- 【中性面】网格类型：适用于产品结构简单的薄壁模型，原因是壁越厚且结构越复杂时计算结果误差就越大。
- 【双层面】网格类型：适用于结构稍微复杂的薄壁模型，原因是壁越厚的模型得到的分析数据就越不完整，导致误差大。
- 【实体 3D】网格类型：适用于壁较厚且结构较复杂的模型。该类型计算量较大、分析时间过长，对计算机系统配置有一定要求。

选择合适的网格分析类型后，单击【导入】对话框中的【确定】按钮，完成分析模型的导入。当完成方案分析后，可以在应用程序菜单中执行【导出】命令，导出为 Desktop Connector、ZIP 存档形式的方案和结果或者模型、翘曲网格/几何等文件类型，如图 1-26 所示。

图 1-25　【导入】对话框

图 1-26　导出方案、结果或模型

1.3.3　视图的操控

导入的零件模型，需要在图形区窗口进行操控，便于观察模型和分析后的状态。如果当前计算机中只安装了 Autodesk Moldflow，那么默认的视图控制方式是鼠标+键盘快捷键组合。

- 旋转视图：按右键或者按下中键。
- 平移视图：按 Shift 键+中键。
- 缩放视图：滚动鼠标滚轮。

技术要点：

如果当前计算机中安装了如 UG、Creo、CATIA、SolidWorks 等三维工程软件，那么在启动 Autodesk Moldflow 时就会提示选择哪种软件的键鼠（即键盘和鼠标）功能应用于 Autodesk Moldflow。

在应用程序菜单中单击【选项】按钮，打开【选项】对话框。在【选项】对话框的【鼠标】选项卡中可以预设键鼠操控方式，如图 1-27 所示。

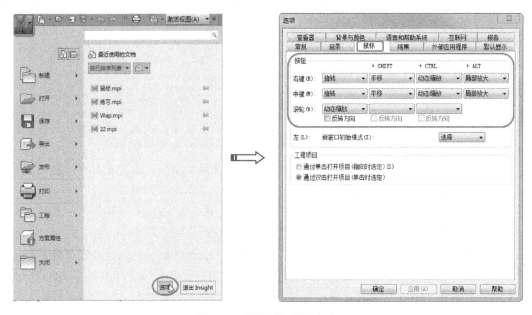

图 1-27　预设键鼠操控方式

技术要点：

笔者在图 1-27 中选择的是以 UG 视图操控作为参考的键鼠操控方式。

当然，不太习惯用键鼠操控视图的读者，还可以在功能区【查看】选项卡的【浏览】面板和【视角】面板中单击视图工具按钮来操控视图，如图 1-28 所示。

图 1-28　视图操控工具按钮

1.4　Autodesk Moldflow 入门分析案例——最佳浇口分析

在本节中用一个海绵盒的最佳浇口位置分析案例，详解 Autodesk Moldflow 的建模与分析流程，从建立新的工作目录、建立新的分析任务、完成案例分析、查看分析结果，再到制作分析报告，整个流程都将逐步解析，使读者能够快速形成一个流畅的模流分析思路。图 1-29 所示为海绵盒的 CAD 模型。

图 1-29　海绵盒

扫码看视频

1.4.1　创建工程项目

【工程项目】是 Autodesk Moldflow 中的最高管理单位，项目中包含的工程和所有相关信息都存放在一个指定的路径下，一个项目可以包含多个案例与报告。创建工程项目的具体操作步骤如下。

01　启动 Autodesk Moldflow 后，在欢迎界面的【开始并学习】选项卡中单击【新建工程】按钮 📄，或者在【任务】选项卡的工程视窗中双击【新建工程】图标 🗐，将会弹出如图 1-30 所示的【创建新工程】对话框。

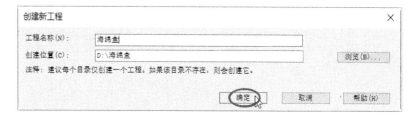

图 1-30　【创建新工程】对话框

02　在【创建新工程】对话框中输入新的工程名称并指定创建位置（即创建工作目录），可使用程序默认的创建位置来创建新工程。

03　单击【确定】按钮后，随即进入 Autodesk Moldflow 工作界面。

1.4.2　导入 CAD 分析模型

新建工程项目后，就可以在项目中导入 CAD 分析模型了，具体操作步骤如下。

01　在【主页】选项卡的【导入】面板中单击【导入】按钮 ⬅，在弹出的【导入】对话框中选择合适的网格类型，打开零件模型。

02　打开零件模型后，在弹出的【导入】对话框中选择本例源文件夹的【海绵盒.stl】

文件并打开，再在【导入】对话框中设置导入文件的网格类型为【Dual Domain
（双层面）】，单击【确定】按钮，如图 1-31 所示。

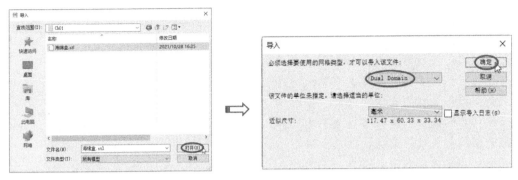

图 1-31　导入模型

技术要点：

　　在导入 CAD 分析模型时，虽然 Autodesk Moldflow 2021 可以导入多种软件格式的模
型，但是 MFIA 2021（核心解算器）目前仅针对 udm、igs 和 stl 格式的模型能够有效地进
行网格划分和模流分析。

03 进入 Autodesk Moldflow 分析环境，导入的模型状态为【CAD 几何】，可在【层】
面板中进行相关的显示或隐藏操作，如图 1-32 所示。

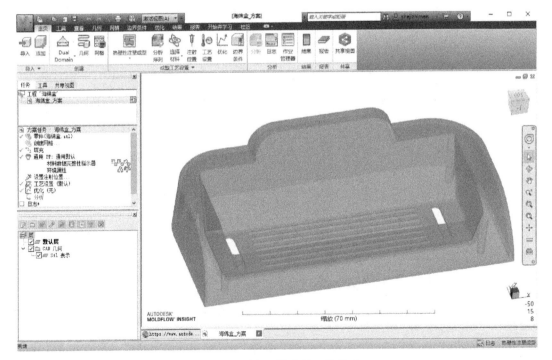

图 1-32　分析环境中导入的模型

1.4.3 生成网格及网格诊断

在导入 CAD 分析模型后，要对分析模型进行网格划分及统计（网格诊断）并修改，以便完成模流分析准备工作。

1. 网格划分

网格划分的具体操作步骤如下。

01 在【网格】选项卡的【网格】面板中单击【生成网格】按钮，随后将会在【工程】视窗的【工具】选项卡中弹出划分网格模型的操作面板。

02 根据系统提示为当前模型定义单元网格的全局边长，在【网格】面板中单击【密度】按钮，在弹出的【定义网格密度】对话框中输入【边长】的值为 0.5mm，其余选项保留默认，单击【确定】按钮完成网格密度的定义，如图 1-33 所示。

> **技术要点：**
>
> 一般来说，导入的模型质量会影响划分网格的质量，网格质量又决定着最终分析精确度和结果判定。

03 重新在【网格】面板中单击【生成网格】按钮，在【工具】选项卡中勾选【将网格置于产品激活层中】复选框，然后单击【网格】按钮，系统将会自动对分析模型进行网格划分，如图 1-34 所示。

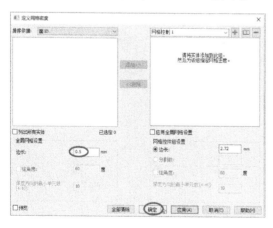

图 1-33 生成网格模型

图 1-34 划分网格

> **技术要点：**
>
> 第一次生成网格之前，系统会在弹出的【Simulation Compute Manager】对话框中提示用户选择合适的服务器，可以选择【云】服务器、【本地主机】服务器或【网络计算机】服务器。如果是单机用户，选择【本地主机】服务器即可。此时若勾选【将此设置设为默认设置】复选框，以后再划分网格时，则不再弹出该对话框，如图 1-35 所示。

04 网格划分的结果如图 1-36 所示。

图 1-35　选择服务器

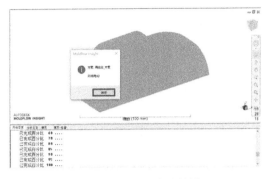

图 1-36　网格划分的结果

2. 网格统计

网格模型划分完成后，需要对划分的网格进行统计，以便找出网格中的缺陷，从而能够及时做出修改，而不至于影响模流分析结果。网格质量的好坏跟网格划分前的全局边长值是有关联的，网格边长越小，网格数量就会越多，网格缺陷就会越少，当然划分网格的时间也会相应增加，反之则会产生很多问题。如果系统给定一个全局边长参考值，一般就会修改为参考值的三分之一。网格统计的具体操作步骤如下。

01　在【网格】选项卡的【网格诊断】面板中单击【网格统计】按钮　，【工程】
　　视窗的【工具】选项卡中将会显示网格划分选项。

02　在【工具】选项卡中单击【显示】按钮　　显示　，Autodesk Moldflow 就会自
　　动对划分的网格进行计算统计，并将统计结果显示在下方列表中，单击【扩展】
　　按钮　可单独显示统计结果，如图 1-37 所示。

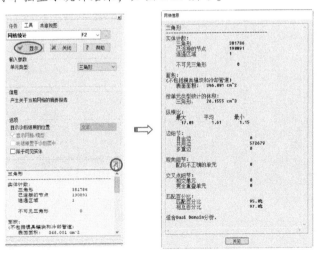

图 1-37　网格统计结果信息

> **技术要点：**
>
> 　　当【网格信息】对话框底部显示【适合 Dual Domain 分析】字样时，说明网格质量很好，适合双层面分析。如果质量不好，则会有相反的提示。

1.4.4 选择分析类型

通常用户进行的 Autodesk Moldflow 分析包括但不限于填充分析、流动分析、保压分析、翘曲分析和冷却分析等。此处为了便于读者快速上手学习，选择最基础的分析类型（浇口位置）进行展示，具体操作步骤如下。

01 在方案任务视窗中默认的分析类型为【填充】，如果是该分析类型，可以不用重新选择分析类型。如果要选择其他分析类型，可利用鼠标右键单击【填充】分析类型，在弹出的快捷菜单中选择【设置分析序列】命令，或者在【主页】选项卡的【成型工艺设置】面板中单击【分析序列】按钮，均可弹出【选择分析序列】对话框。

02 在【选择分析序列】对话框的分析类型列表中选择【浇口位置】选项，然后单击【确定】按钮，完成分析类型的选择，如图 1-38 所示。

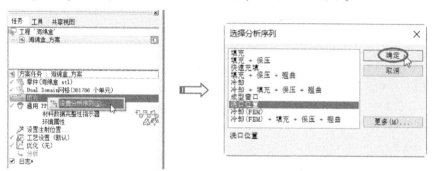

图 1-38　选择分析类型

> **技术要点：**
>
> 此时的分析类型就由【填充】变成了【浇口位置】，并且在【工程】视窗中可看见方案后面出现一个表达浇口的 ▽ 代码图案，表示用户要方案分析任务的是最佳浇口位置分析，如图 1-39 所示。

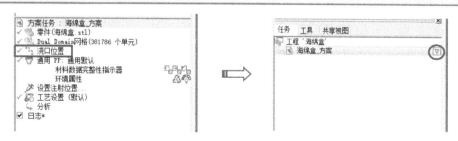

图 1-39　分析类型的代码显示

1.4.5 选择成型材料

Autodesk Moldflow 中成型材料库中包含了国内外厂商提供的塑性材料数据，进行本例分析时采用 ABS 热塑性材料模拟分析。

在方案任务窗格中材料节点位置单击鼠标右键,并在弹出的快捷菜单中选择【选择材料】命令,或者在【成型工艺设置】面板中单击【选择材料】按钮,均可弹出【选择材料】对话框。在【选择材料】对话框中选择国内的制造商(比如搜索 shanghai,就会列出相关的上海制造商)及其所属材料牌号,如图 1-40 所示。

要查看该材料,在【方案任务】视窗中的材料节点处单击鼠标右键,并在弹出的快捷菜单中选择【详细资料】菜单命令,在弹出的【热塑性材料】对话框中将会显示所选材料的详细参数,如图 1-41 所示。

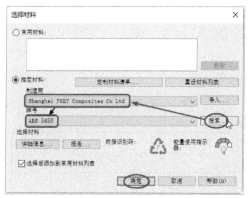

图 1-40　选择成型材料

图 1-41　【热塑性材料】对话框

1.4.6　设置工艺参数

通常情况下,如果用户对注塑机的参数不是很了解,模拟成型的工艺参数可采用默认设置,若是模拟结果不够理想,可根据实际操作情况重新对工艺参数进行修正。

技术要点:

注塑机的选择技巧是,主要根据产品的形状、尺寸、材料特性、产量,以及注塑时产品的布局数量、模具的尺寸等因素来选择合适的机型。如本例的海绵盒属于小件产品,模具设计时刻可参考一模多腔(海绵盒的模具布局是一模四腔)的布局形式进行设计,一个产品注塑锁模力不是很多,但多个产品注塑时锁模力就逐渐增大了。注塑成型时注塑机要承受的撑模力(由熔融体传导给模具再传导给注塑机的力)的常用公式如下。

撑模力=开合模方向的成品投影面积 cm^2 ×模腔数×模腔内压力(kg/cm^2)

模腔内压力是由材料决定的,大致取值范围为 350~400kg/cm^2,因此注塑机的锁模力必须大于(1.17 倍以上)撑模力才能满足注塑要求。总结一下,选择注塑机除了会科学计算,更应结合实际经验进行合理选择。本例产品注塑选择最小的注塑机(锁模力最小的)就能满足注塑要求。

01 在【成型工艺设置】面板中单击【工艺设置】按钮,将会弹出【工艺设置向导-浇口位置设置】对话框。

02 在【工艺设置向导-浇口位置设置】对话框中单击【选择】按钮,在弹出的【选择注塑机】对话框中选择第一种注塑机(其锁模力最小),如图 1-42 所示。

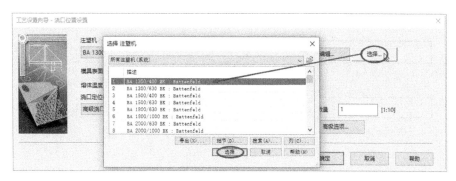

图 1-42　选择注塑机

03 在返回的【工艺设置向导–浇口位置设置】对话框中设置模具表面温度、溶体温度及浇口数量等工艺条件，最后单击【确定】按钮完成工艺参数的设置，如图 1-43 所示。

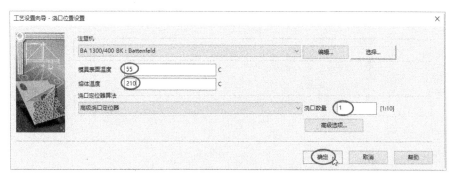

图 1-43　设置模具温度、溶体温度和浇口数量

技术要点：

　　ABS 材料成型温度相对较高，模具表面温度（简称模温）也相对较高。模具表面温度的高低对塑件质量影响很大，在成型加工时应将模温控制在 50℃~70℃ 内。溶体温度 ABS 的品种较多，不同品种的料筒温度有所不同，通用 ABS 的料筒温度为 180℃~230℃、耐热为 190℃~240℃、阻燃为 170℃~220℃。喷嘴温度较料筒温度前部温度低 20℃~30℃。

1.4.7　设置注射（进料口）位置

　　对于有经验的模流分析师，最佳浇口位置不一定是系统分析出来的最佳位置，反而会根据实际的生产情况进行细微调整，Autodesk Moldflow 分析出来的最佳浇口位置可作为辅助参考，帮助模具设计师完成模具结构设计。既然是分析最佳浇口位置，那么人为去设置浇口是毫无意义的，因此本例中将此步骤省略。当最佳浇口位置分析完毕后，再进行其他模流分析时，则必须设置注射位置（创建浇口模型），这将有助于提高模流分析的准确性。

1.4.8　运行分析

　　整个 Autodesk Moldflow 模流分析解算器的计算过程基本由系统自动完成，具体操作步骤如下。

01 单击【主页】选项卡中的【开始分析】按钮,选择本地主机作为服务器后系统开始分析计算。

02 单击【主页】选项卡中的【作业管理器】按钮,可以通过网络打开网页浏览器来查看任务队列和计算进程,如图 1-44 所示。

图 1-44　查看计算进程

03 通过分析计算的日志,可以实时监控整个分析的过程,如图 1-45 所示。

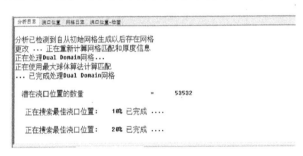

图 1-45　查看分析日志

1.4.9　结果分析

最佳浇口位置分析完成后,在【方案任务】视窗中勾选【结果】下的【流动阻力指示器】复选框,可查看最佳浇口位置的图像信息,如图 1-46 所示。【最高】表示该区域不能建立浇口,【最低】则是最佳浇口位置区域。

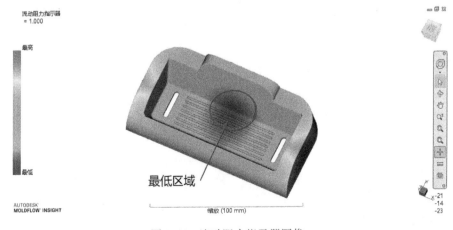

图 1-46　流动阻力指示器图像

双击【海绵盒_方案（浇口位置）】方案任务，可看见系统自动在最佳浇口位置创建了浇口，如图 1-47 所示。

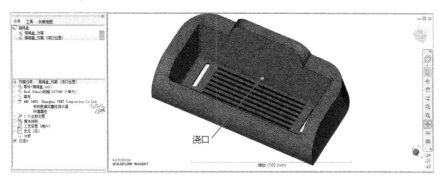

图 1-47　自动创建浇口

1.4.10　制作分析报告

单击【主页】选项卡中的【报告】按钮，在功能区弹出的【报告】选项卡中单击【报告向导】按钮，将会弹出【报告生成向导】对话框，如图 1-48 所示。

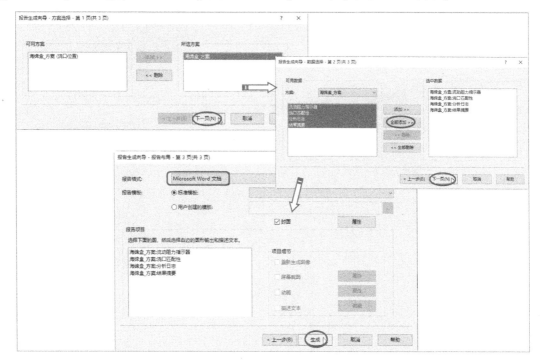

图 1-48　【报告生成向导】对话框

1. 选择方案

在【报告生成向导–方案选择–第 1 页（共 3 页）】对话框的【可用方案】选项区中选择所需生成报告的方案，单击【添加】按钮进行添加。如果要删除，则在【所选方案】选项区中选择已选方案，单击【删除】按钮进行删除，之后单击【下一页】按钮进入下一步设置。

2. 数据选择

在【报告生成向导–数据选择–第 2 页（共 3 页）】对话框的【可用数据】选项区中选择所需数据，单击【添加】按钮进行添加，或者单击【全部添加】按钮（选择多项数据）。如果要删除，则在【选中数据】选项区中选择已选数据，单击【删除】按钮进行删除，或者单击【全部删除】按钮（选择多项数据）。单击【下一页】按钮进入下一步设置。

3. 报告布置

在【报告生成向导–报告布局–第 3 页（共 3 页）】对话框的【报告格式】列表中选择所需的形式，系统提供了 HTML 文档、Microsoft Word 文档、Microsoft PowerPoint 文档等格式。之后，在【报告模板】选项区中可以选择【标准模板】或【用户创建的模板】，同时也可以更改每个项目的属性。单击【生成】按钮开始生成报告，生成的报告如图 1-49 所示。

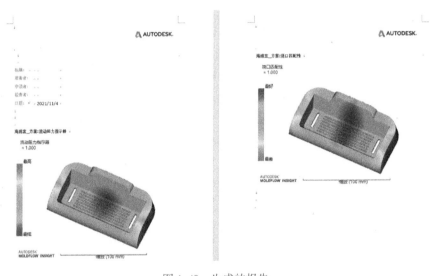

图 1-49　生成的报告

第**2**章 创建分析模型

本章导读

Autodesk Moldflow 可用于分析的模型类型包括注塑产品的三维立体模型、面单元模型、线（杆）单元模型、点单元模型及模具组件模型。Autodesk Moldflow 2021 主要用于点、线、面及模具组件的几何模型创建。本章将介绍创建点单元、线单元、面单元及模具组件模型的几何创建工具和创建方法。

2.1 创建点、线、面几何

在 Autodesk Moldflow 中，点（也称节点）、线（也称杆）和面（也称区域）是构成立体网格模型的重要组成元素。由于 Autodesk Moldflow 不是专业的建模工具，因此只能建立结构简单的几何模型。

2.1.1 创建节点

节点是网格模型中线与线的交点，是一种几何实体，在一定程度上起到离散单元之间的联结和力传导作用。在 Autodesk Moldflow 中，节点常用作几何定位参考、线的划分等。

导入分析模型后，在【主页】选项卡的【创建】命令面板中单击【几何】按钮 ，切换到【几何】选项卡，如图 2-1 所示。

图 2-1 【几何】选项卡

在【几何】选项卡的【创建】面板中，单击【节点】按钮 展开下拉命令菜单，其中包含 5 种节点创建（定义）方法。下面详细介绍这几种节点创建方法。

1. 按坐标定义节点 <kbd>XYZ 按坐标定义节点</kbd>

【按坐标定义节点】的创建方法如下：单击模型上任意位置，或者在工作区域中某区域单击，它的绝对空间坐标值便显示在工程管理视窗【工具】选项卡的【坐标创建节点】选项面板的【坐标】文本框中，如图 2-2 所示。单击【应用】按钮完成节点的创建。

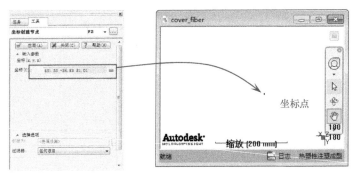

图 2-2　选取节点坐标或输入坐标

技术要点：

　　当在模型中选择参考时，为了便于选取准确，可在【坐标创建节点】选项面板的【过滤器】下拉列表中选择捕捉方法。

2. 在坐标之间的节点 在坐标之间的节点

【在坐标之间的节点】是在基于 2 个坐标参数之间的假想直线上创建节点。节点数为 1~1000。【工具】选项卡中的【坐标中间创建节点】选项面板如图 2-3 所示。

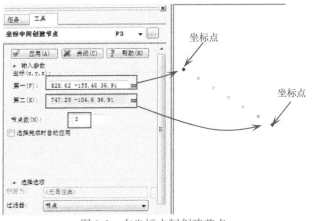

图 2-3　在坐标之间创建节点

3. 按平分曲线定义节点 按平分曲线定义节点

【按平分曲线定义节点】用于在所选曲线上创建指定数量的等间距节点。图 2-4 所示为在已知直线上创建等距平分点的示例。

4. 按偏移定义节点 按偏移定义节点

【按偏移定义节点】是基于相对于现有基本坐标以指定的距离和方向来创建新节点的方式，如图 2-5 所示。

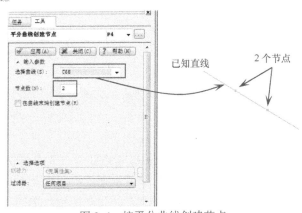

图 2-4　按平分曲线创建节点

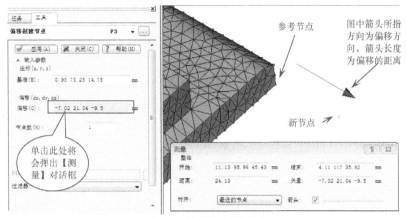

图 2-5 按偏移创建节点

技术要点：

　　用户也可以直接在【偏移创建节点】选项面板中输入基于参考基准的偏移距离值，这样就能精确地控制偏移量。而使用测量方法来创建偏移节点，只能得到相似距离的节点。

5. 按交叉定义节点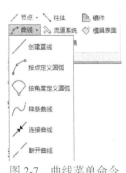

　　【按交叉定义节点】是利用两条曲线的相交而得到的新节点，如图 2-6 所示。

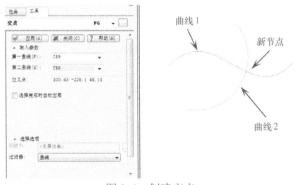

图 2-6 创建交点

2.1.2 创建曲线

　　曲线可以是两点间的直线，也可以是由三点或更多点构成的圆弧，如图 2-7 所示。

1. 创建直线

　　在工作区域中选择起始点，它的绝对空间坐标值将出现在【创建直线】选项面板的【第一】文本框中选择终止点，它的绝对空间坐标值将出现在【第二】文本框中。用户也可以手动输入起始点与终止点的坐标，如图 2-8 所示。单击【应用】按钮，创建直线与节点。

图 2-7 曲线菜单命令

图 2-8　创建直线

技术要点：

　　如果不想在直线的起点和终点创建节点，可以在【创建直线】选项面板中取消勾选【自动在曲线末端创建节点】复选框。

　　【创建直线】选项面板中各选项含义如下。

- 绝对：按照绝对坐标定义终止点相对于起始点的输入坐标值。
- 相对：按照相对坐标定义终止点相对于起始点的输入坐标值。
- 自动在曲线末端创建节点：创建曲线时在曲线的末端自动产生端点。建议在用已存在节点创建曲线时关掉此选项，可以防止产生重叠的节点。重叠的节点可能会造成杆单元的不连通。
- 创建为：赋予直线属性。单击【浏览】按钮 …，在弹出的【指定属性】对话框中可对即将创建的直线定义为不同的属性，如图 2-9 所示。

图 2-9　【指定属性】对话框

- 过滤器：为输入直线端点坐标而设置选择参考，包括节点、曲线及任何项目等选项。

技术要点：

　　如果创建的直线是作为杆单元的轴线，轴线是有方向性的，在选择两点时应注意选择的前后顺序。

2. 按点定义圆弧  按点定义圆弧

【按点定义圆弧】是以 3 坐标点来确定一段圆弧或圆。图 2-10 所示为创建 3 点圆弧的【点创建圆弧】选项面板。

创建圆弧时，起始点不同，同样的 3 个节点会形成不同的圆弧。以最高点为起始点按顺时针形成的圆弧如图 2-11 所示。以最左边点为起始点按顺时针形成的圆弧如图 2-12 所示。

如果在【点创建圆弧】选项面板中选中【圆形】单选按钮，可以创建圆。

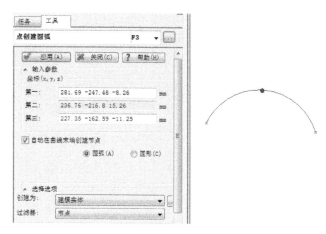

图 2-10　创建 3 点圆弧

图 2-11　圆弧 1

图 2-12　圆弧 2

3. 按角度定义圆弧 按角度定义圆弧

通过【按角度定义圆弧】工具可在创建新模型或向现有模型执行添加操作的过程中创建曲线。通过指定的中心点、半径、开始角度和结束角度来创建圆弧或圆。图 2-13 所示为【角度创建圆弧】的选项面板。

4. 样条曲线 样条曲线

【样条曲线】是通过指定一系列的坐标点来创建样条曲线。每指定一个坐标点或节点，将自动收集在【样条曲线】选项面板的【添加】列表中，单击【应用】按钮即可创建样条曲线，如图 2-14 所示。

5. 连接曲线 连接曲线

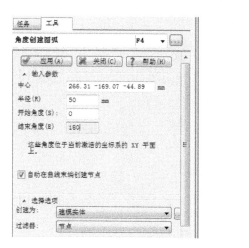

图 2-13　【角度创建圆弧】选项面板

【连接曲线】工具用于创建 2 条曲线之间的连接线段。图 2-15 所示为在 2 条曲线之间创建的连接曲线。

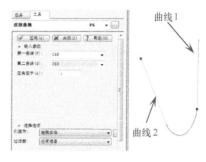

图 2-14　创建样条曲线　　　　　　　　　图 2-15　创建连接曲线

6. 断开曲线 断开曲线

【断开曲线】工具是在现有曲线的交叉点处断开曲线来创建新曲线，如图 2-16 所示。

技术要点：

　　要创建断开曲线，现有曲线必须是完全相交的。断开曲线后，相交的 2 条曲线分别被断成 2 部分。

2.1.3　创建区域

　　区域是由一系列曲线构建的 2D 封闭区域，用来表示零件、镶件或模具模板的表面等，一个三角形网格单元中就包含了 3 个节点、3 条直线和 1 个区域。创建区域后可将模具属性指定给它。创建区域的具体方法有以下几种，如图 2-17 所示。

图 2-16　创建断开曲线　　　　　　　　　图 2-17　创建区域的方法

1. 按边界定义区域 按边界定义区域

用现有的曲线创建区域面的形状，如图 2-18 所示。

执行【按边界定义区域】命令后，按住 Ctrl 键选中封闭的曲线环，它们的序号出现在右侧的文本框里。在【边界创建区域】选项面板中单击【应用】按钮，即可创建区域。

2. 按节点定义区域 按节点定义区域

【按节点定义区域】是指定至少 3 个节点或以上的节点来创建区域，如图 2-19 所示。

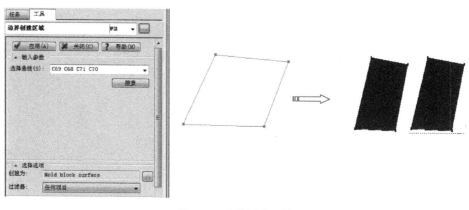

图 2-18　边界创建区域

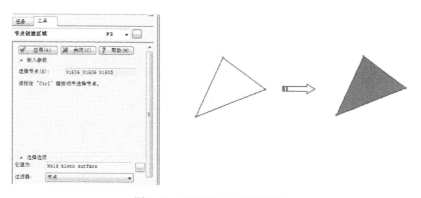

图 2-19　选取节点来创建区域

3. 按直线定义区域 ◈ 按直线定义区域

【按直线定义区域】是利用 2 条曲线作为边界来创建的区域，如图 2-20 所示。选择的直线将被自动收集到【工具】选项卡的【直线创建区域】选项面板中。

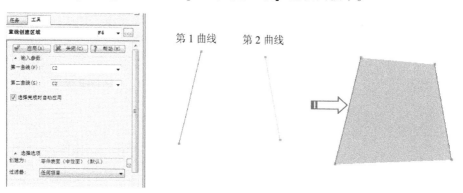

图 2-20　选择 2 条直线来创建区域

💾 **技术要点：**

　　如果勾选【选择完成时自动应用】复选框，在选择 2 条直线后，将自动创建区域。

4. 按拉伸定义区域 按拉伸定义区域

【按拉伸定义区域】是选择曲线以指定的矢量或输入的矢量点坐标来创建区域，如图 2-21 所示。

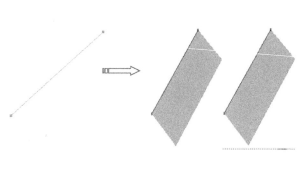

图 2-21　拉伸直线创建区域

技术要点：

> 矢量可以是直线，也可以是手动输入坐标来确定的区域。

5. 从网格/STL 创建区域

【从网格/STL 创建区域】可将中性面、双层面网格或者 STL 模型的所有单元合并为一个完整区域。单击【从网格/STL 创建区域】按钮 后，在弹出的【从网格/STL 创建区域】

选项面板中设置公差参数，当导入的模型是 STL 模型时，【创建自】选项组中的【STL】单选按钮将变为可用，若是当前模型为网格模型时，则【网格】单选按钮将变为可用而【STL】单选按钮则变为不可用，最后单击【应用】按钮完成区域的创建，如图 2-22 所示。

图 2-22　从 STL 模型来创建区域

6. 按边界定义孔 按边界定义孔

【按边界定义孔】在区域上用封闭的曲线环创建孔。

选择完区域后，它的序号将出现在【边界创建孔】选项面板的【选择区域】文本框中，如图 2-23 所示。

选择和区域共面的封闭曲线环，它的序号将出现在【边界创建孔】选项面板的【选择曲线】下拉列表中。

图 2-23　【边界创建孔】选项面板

单击【应用】按钮完成创建。【按边界定义孔】过程如图 2-24 和图 2-25 所示。

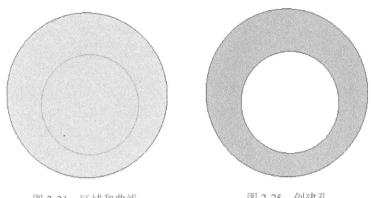

图 2-24　区域和曲线　　　　　　　图 2-25　创建孔

7. 按节点定义孔 🔲 按节点定义孔

【按节点定义孔】是在区域上利用多个节点创建孔，如图 2-26 所示。

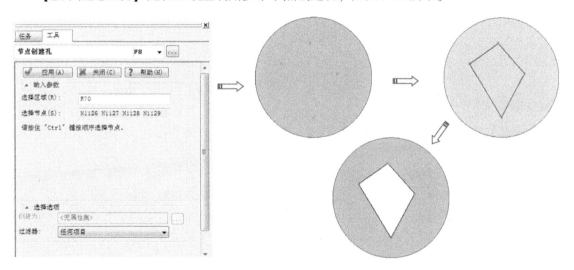

图 2-26　利用节点创建孔

技术要点：

在区域中选择点时，需按 Ctrl 键逐一选取。

2.2　几何变换操作

模型几何的变换操作工具可在特定坐标系周围处理所选实体或整个模型。这些工具常用来创建模具的多型腔或一模多件零件，如图 2-27 所示。

2.2.1　平移实体 🗗 平移

通过定义一个平移矢量，或者输入相对矢量点坐标，在特定方向上快速移动/复制所选

实体。在【实用程序】命令面板中选择【移动】|【平移】命令，在【工具】选项卡中将会显示【平移】选项面板。选择要移动的实体，并激活【矢量】文本框，将会弹出【测量】对话框。指定 2 点作为矢量方向和距离后，单击【应用】按钮完成实体的平移，如图 2-28 所示。

图 2-27　模型变换工具

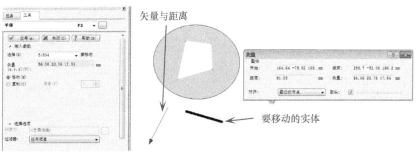

图 2-28　移动实体

2.2.2　旋转实体

【旋转】工具可用于更改实体取向以便和坐标轴对齐。模型取向对于创建有效的流道系统和计算锁模力至关重要。

在【实用程序】命令面板中选择【移动】|【旋转】命令，在【工具】选项卡中将会显示【旋转】选项面板。选择要旋转的实体或单元，再选择旋转轴（X、Y 或 Z），然后输入旋转角度，单击【应用】按钮完成实体的旋转，如图 2-29 所示。

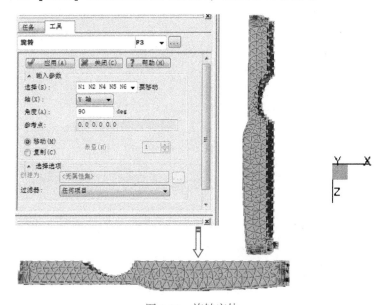

图 2-29　旋转实体

2.2.3　3 点旋转实体 　3 点旋转

【3 点旋转】是指定 3 个空间坐标点来移动或复制实体，如图 2-30 所示。

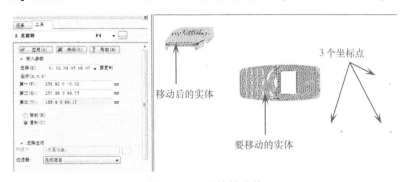

图 2-30　3 点旋转实体

2.2.4　缩放实体 　缩放

【缩放】命令可以按一定的比例因子缩小或放大实体。如果在【缩放】选项面板中选中【移动】单选按钮，仅放大原实体，如果选中【复制】单选按钮，可以创建复制实体，如图 2-31 所示。

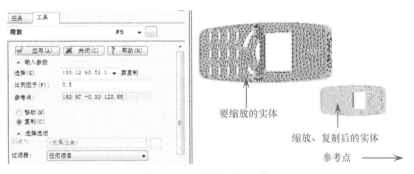

图 2-31　缩放并复制实体

2.2.5　镜像实体 　镜像

使用【镜像】工具可复制或移动所选的模型零件，例如，创建多型腔模型。在【镜像】选项面板中选中【移动】单选按钮会转换原始实体。选中【复制】单选按钮，则首先复制所选实体和所有相关属性，然后转换新副本。图 2-32 所示为镜像实体的范例。

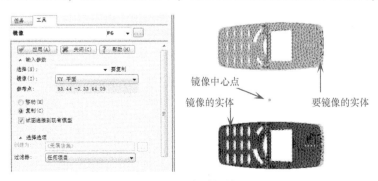

图 2-32　创建镜像

2.3 创建模具组件几何

模具组件几何包括浇注系统几何、冷却系统几何、模具镶件（各种抽芯机构和顶出部件）几何等。

2.3.1 创建浇注系统几何

浇注系统是熔融塑料由机台料筒进入模具型腔的通道，将处于高压下的熔融塑胶快速、平稳地引入型腔。

浇注系统主要由主流道、分流道、浇口和冷料井构成，如图 2-33 所示。

1. 注射位置的确定

Autodesk Moldflow 中的注射位置是熔融料进入型腔的位置——即浇口位置。如果是利用 Autodesk Moldflow 的流道系统工具自动创建浇注系统，那么注射位置就很重要了。

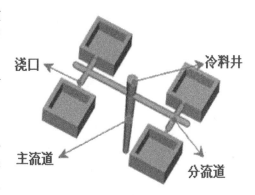

图 2-33　浇注系统

> **技术要点：**
>
> 如果是手动创建浇注系统，用户可以不用设置注射位置。注射位置一般是经过最佳浇口位置分析再设置。

在【主页】选项卡的【成型工艺设置】面板中单击【注射位置】按钮，光标由拾取箭头变成注射锥，然后在模型中最佳浇口位置处的节点单击以放置注射锥，如图 2-34 所示。

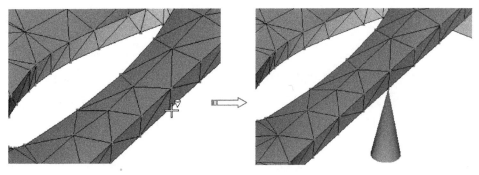

图 2-34　放置注射锥

> **技术要点：**
>
> 注射锥只表示分析在数学上的起点，与浇口的尺寸无关。如果初始分析致填充不平衡，可改变注射位置或再添加一个注射位置以解决该问题。

有时注射锥的方向（也是融熔料经浇口进入型腔的方向）无法满足浇注，可选中注射锥按住鼠标左键不放，以此调整其方向，如图 2-35 所示。

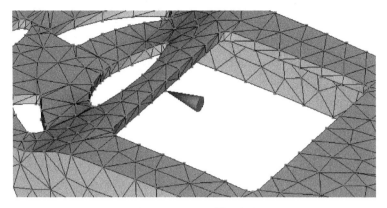

图 2-35　调整注射锥方向

2. 手工创建浇口

在模具设计阶段，鉴于客户对产品品质的要求和产品特征的复杂性，尤其当有较多倒扣或侧凹、侧孔特征存在时，会用到复杂的模具成型机构，因此选择适当的进浇位置浇口类型关系到注塑过程能否顺利进行和制品的成型质量的保证。在选择浇口位置时应注意以下几点。

- 无论是两板模还是三板模，都应优先考虑从产品肉厚处进浇，既可防止熔融塑胶提前凝固堵住流动路径，还可改善局部缩水。
- 两板模的浇口尽量选在分型面上，便于浇口的加工和去除。
- 不管是一点进浇还是多点进浇，尽量保证型腔充填的平衡性，这样可以有效避免局部过保压。
- 浇口的尺寸应满足整个型腔的充填。尺寸太小的浇口不利于压力的传递，保压的效果比较差，如果只是提高射压容易产生过多残余应力。
- 浇口位置的选择应利于型腔的排气。
- 浇口尽量不选在产品外观面上，还应考虑浇口易于切除。
- 浇口不要正对着型芯。小型芯很容易在高射压下被冲变形或发生移位。
- 尽量避免熔接痕产生在产品外观面上，尤其采用多点进浇时，应控制每个浇口的流量，把熔接痕驱赶到不明显的部位。

上机操作　创建潜伏式浇口

下面以一个案例来说明如何手工创建浇口。分析模型为一手机外壳，手机外壳的表面光洁度要求是很高的，一般采用潜伏式进胶，具体操作步骤如下。

扫码看视频

图 2-36 所示为最佳浇口位置分析的结果。

图 2-37 所示为最佳浇口位置分析后得到的注射锥，将在注射锥位置创建潜伏式浇口。

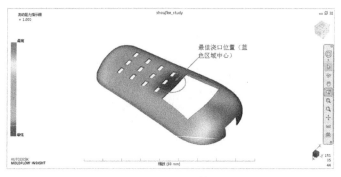

图 2-36　分析得到的最佳浇口位置

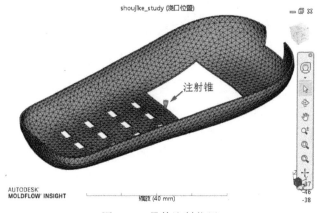

图 2-37　最佳注射位置

01 从本例源文件夹中打开【手机壳.mpi】工程文件，该文件已经完成了网格划分和最佳浇口位置分析。在工程视窗中双击【shoujike_study（浇口位置）】子项目，可以查看最佳浇口位置上已经添加了一个注射锥，接下来在注射锥位置创建潜伏式浇口。

02 在【主页】选项卡的【创建】面板中单击【几何】按钮，进入 Autodesk Moldflow 几何创建模式（即打开【几何】选项卡）。

03 选择【按偏移定义节点】工具，在【工具】选项卡的【按偏移定义节点】选项面板中首先选择注射锥位置的节点作为参考点，然后在【偏移】文本框中输入相应的偏移值，即可创建出偏移的节点，如图 2-38 所示。

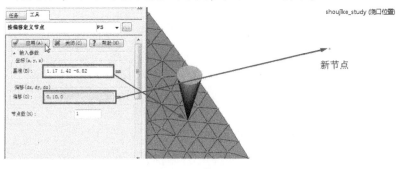

图 2-38　创建节点

技术要点：

输入偏移值时，要以相对坐标输入的方式进行操作。0，10，0 表示根据参考点的位置计算，在 X 方向平移 0、Y 方向偏移为 10、Z 方向偏移为 0。此外，创建新节点时，先要在【层】视窗中勾选【网格节点】复选框，显示所有节点，便于选取参考节点。

04 利用【按点定义圆弧】工具，创建如图 2-39 所示的圆弧。此圆弧为潜伏浇口的轴线。

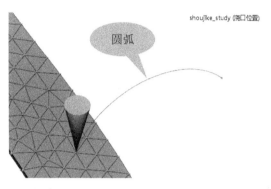

图 2-39　创建圆弧

技术要点：

3 点定义圆弧，第一点选择注射锥位置的节点，第三点选择偏移的新节点，关键是第二点，可以选择新节点作为参考，然后对坐标值进行修改即可。

05 为浇口轴线赋予浇口属性。选中轴线，轴线由深紫色变为粉红色（见视频）。单击鼠标右键，在弹出的快捷菜单中选择【属性】命令，在随后出现的对话框中单击【是】按钮，如图 2-40 所示。

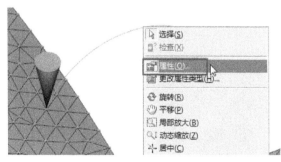

图 2-40　选择【属性】命令

06 在弹出的【指定属性】对话框的【选择】列表中选择【冷浇口】命令，然后在弹出的【选择冷浇口】对话框中选择一种浇口的规格尺寸（1.5mm th ×4.5mm wide），单击【选择】按钮后返回【指定属性】对话框，如图 2-41 所示。

图 2-41 选择浇口规格尺寸

07 在【指定属性】对话框中单击【编辑】按钮 编辑(E)... ，再在弹出的【冷浇口】对话框中重新设置浇口前后的截面圆尺寸，如图 2-42 所示。

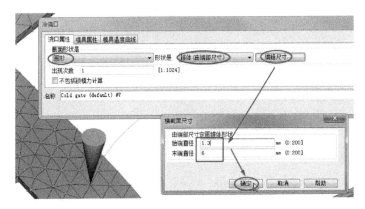

图 2-42 编辑浇口尺寸

08 单击多个对话框的【确定】按钮，完成属性的指定。最后进行网格的划分。

09 在【主页】选项卡中单击【网格】按钮，打开【网格】选项卡。在【网格】选项卡的【网格】面板中单击【生成网格】按钮，然后在【工具】选项卡的【生成网格】选项面板中设置网格单元边长值，最后单击【应用】按钮完成潜伏式浇口的创建，如图 2-43 所示。

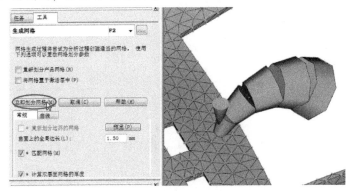

图 2-43 生成网格单元

3. 自定义流道

模具的流道分主流道和分流道。主流道是直接连接注塑机嘴的部分，分流道是到达各型腔的干道。是否创建分流道，由浇口的类型来决定。

流道和浇口一样，它的截面形状有很多种。不同截面流道的特性差异很大。当一种流道创建后，可以通过直接改变它的截面形状来使它变成另外一种截面形状的流道。下面举例来说明流道的手动创建方法。

🔶 上机操作 **创建多模腔流道**

在分析模型中创建浇口后，利用【镜像】命令来创建型腔布局，具体操作步骤如下。

扫码看视频

01 打开本例的工程项目源文件【塑料结构件.mpi】。在【查看】选项卡的【视角】面板中输入旋转角度【180，180，90】，调整视图。

02 单击【主页】选项卡中的【几何】按钮 🔲，打开【几何】选项卡。

03 在【几何】选项卡的【实用程序】面板中单击【移动】|【镜像】命令，在【工具】选项卡中将会显示【镜像】选项面板。

04 以框选方式选中模型及浇口，然后在【镜像】选项面板中设置如图 2-44 所示的选项及参数，最后单击【应用】按钮完成型腔的布局。

💠 技术要点：

在设置镜像参考点时，可以先选择已有的节点，然后修改其在镜像方向的值即可。例如本例要以 XZ 平面为镜像平面，应该在 Y 方向进行镜像，修改 Y 坐标值即可。再例如，选取的节点坐标为 (0.4，18，30)，修改为 (0.4，-48.2，32) 即可。每个用户所选取的节点不会是相同的，按此方法进行设置即可。

05 创建的型腔布局如图 2-45 所示。

图 2-44 设置镜像参数

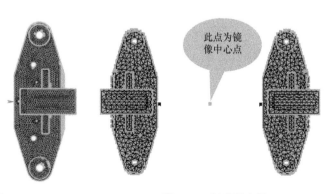

图 2-45 创建的布局

06　在【修改】面板中单击【型腔重复】按钮⊞，将会弹出【型腔重复向导】对话框。

07　在【型腔重复向导】对话框中输入相应的值后，单击【确定】按钮创建出如图 2-46 所示的一模四腔布局。

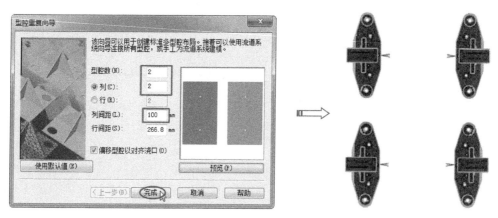

图 2-46　创建一模四腔布局

08　使用【创建】面板中的【曲线】|【创建直线】工具，以浇口末端的端点为起始点建立流道的轴线，如图 2-47 所示。确定轴线长度时应以排穴的距离为准。

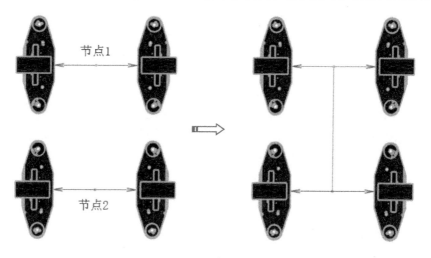

图 2-47　创建流道轴线

技术要点：

在创建直线中点之间的直线时，要先创建直线上的节点。

09　分别为 3 条轴线赋予冷流道属性值，如图 2-48 所示。

10　利用【网格】选项卡中的【生成网格】工具，创建分流道网格，如图 2-49 所示。

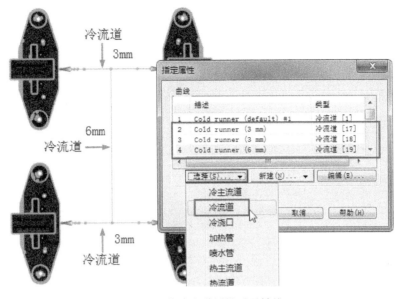

图 2-48　将冷流道属性赋予轴线

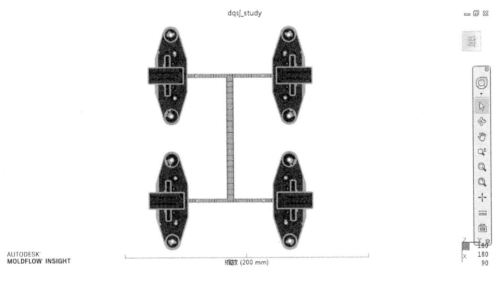

图 2-49　生成流道网格单元

4. 利用流道系统向导创建浇注系统

Autodesk Moldflow 为用户提供了自动创建浇注系统的便捷工具。要使用【流道系统】工具，则必须先设置注射位置。

🔘上机操作 **创建浇注系统**

下面介绍利用【流道系统】工具来创建浇注系统的过程，具体操作步骤如下。

扫码看视频

01 打开本例的工程项目源文件【塑料结构件 . mpi】。

02 利用【镜像】命令，先创建模型的镜像，然后创建型腔布局，如图 2-50 所示。

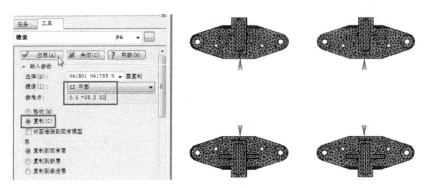

图 2-50 创建型腔布局

03 单击【几何】按钮打开【几何】选项卡。然在【创建】面板中单击【流道系统】按钮，将会弹出流道系统向导的【布局】界面。

04 在【布局】界面中单击【浇口中心】【浇口平面】和【下一步】按钮，进入【注入口/流道/竖直流道】界面，如图 2-51 所示。

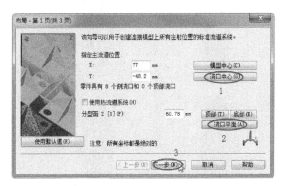

图 2-51 设置流道布置

05 在【注入口/流道/竖直流道】界面中设置如图 2-52 所示的注射口与流道参数，再单击【下一步】按钮。

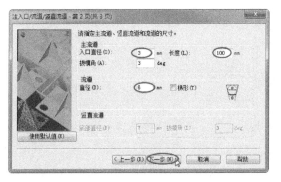

图 2-52 设置注射口与流道参数

06 在【浇口】界面中设置浇口的参数，最后单击【完成】按钮，自动创建浇注系统，如图 2-53 所示。

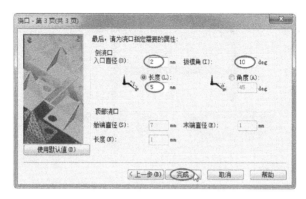

图 2-53　设置浇口参数

07 创建的浇注系统如图 2-54 所示。

图 2-54　创建的浇注系统

技术要点：

利用【流道系统】工具虽然可以很便捷地创建浇注系统，但有一定的局限性，即不能有效地建立合理尺寸的分流道，特别是针对多型腔模具。

5. 检查流道与型腔之间的连通性

创建完浇注系统后，应检查型腔与浇注系统的连通性。在模具上，型腔通过浇注系统处于连通状态，因此在 Autodesk Moldflow 中应重点查看型腔之间的连通性。多模穴分析时，只要有一个型腔处于未连通状态，均无法进行分析，要先清除生成的多余节点才行。

在【网格】选项卡的【网格诊断】面板中单击【连通性】按钮，左边窗格中将会显示【连通性诊断】选项面板。框选图形区域中所有的网格单元，然后单击【显示】按钮，可查看流道与型腔之间的连通性，如图 2-55 所示。

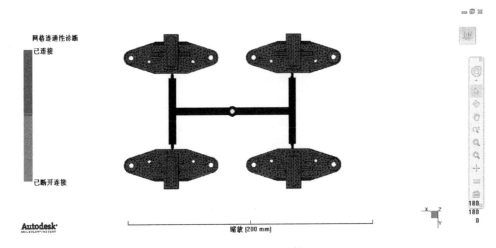

图 2-55　检查连通性

连通部分呈蓝色显示（颜色和左侧的提示标题一致），未连通部分呈红色显示（颜色和左侧的提示标题一致）。不管未连通的部分是杆单元还是型腔，多数情况是因为未连通处没有共享节点，可以采用合并节点的方法消除未连通现象。

2.3.2　创建冷却系统几何

制品冷却通常占成型周期的绝大部分时间，因此控制成型周期提高产能、加快制品冷却是至关重要的。

熔融塑胶在高温下被注射入型腔后，需要经历从高温到室温的冷却过程，在这期间熔融塑胶会释放出大量的热。如果熔融塑胶在型腔内自然冷却至顶出温度，会需要一个很长的过程。如果用低于模温的冷却液通过型芯，将型芯的热量带出模具从而加快制品的冷却速度。但对于形状复杂的制品，由于冷却受限和冷却速度不一等因素，制品很容易出现各部特征产生收缩上的差异。不合理的冷却液温度和冷却时间还会影响内应力的释放，从而影响制品的外观、尺寸精度和力学性能。

因此需要在模腔内合理开设冷却管道，加强热量集中部位的冷却，对热量产生少的部位进行缓冷，尽量实现均匀冷却。Autodesk Moldflow 拥有分析模穴冷却管道冷却效率和冷却效果的功能。

上机操作　创建冷却水路系统

Autodesk Moldflow 拥有自动排布冷却水路的功能，这给用户排布水路提供了极大的方便。水路排布完成后，只需要做一些调整即可。

在排布水路前应查看型腔的布局，以防水路和其他零部件干涉。利用冷却回路向导创建冷却系统几何的具体操作步骤如下。

扫码看视频

01　在【几何】选项卡的【创建】面板中单击【冷却回路】按钮 冷却回路，打开【冷却回路向导–布局–第 1 页（共 2 页）】界面。

02　在【冷却回路向导–布局–第 1 页（共 2 页）】界面中设置冷却水管的直径、水管与模型间的距离值和排列方式，然后单击【下一步】按钮，如图 2-56 所示。

03　在【冷却回路向导–管道–第 2 页（共 2 页）】界面中设置如图 2-57 所示的管道参数。

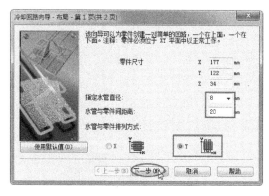

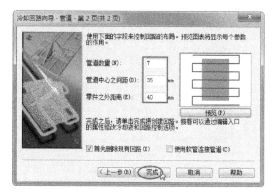

图 2-56　布置设置　　　　　　　　　　　　图 2-57　设置管道参数

04　单击【完成】按钮完成冷却系统的创建，如图 2-58 所示。

图 2-58　创建完成的冷却系统

上机操作　创建模具边界

模具边界主要用于冷却分析中，可以使冷却分析得到更好的收敛效果。模具边界就是虚拟的模具成型零部件的体积框（即模具镶块，包括型芯和型腔的体积），在创建模具边界时，一定要把分析中涉及的元素包含在内，包括产品的模型、浇注系统和冷却系统等特征。创建模具边界的具体操作步骤如下。

扫码看视频

01　在【几何】选项卡的【创建】面板中单击【模具镶块】按钮 ◈，将会弹出【模具和镶块向导】对话框。

02　模具表面默认以产品中心为原点。

技术要点：

如果在实际设计中模具中心偏离产品模型中心，单击激活右侧的偏移矢量文本框（即选中 X 单选按钮），输入在三个轴向的偏移矢量。

03 在【尺寸】选项组的 X、Y、Z 文本框中分别输入模具边界在三个轴向的尺寸。这三个尺寸均以模具中心点为中点，向正负方向各偏移一半输入值。

技术要点：

> 浇注系统和冷却系统不要延伸出模具边界。当水路尤其是距离型腔较远的水路单元穿过模具边界时，容易导致分析无法收敛。

04 建议先测量一下产品的最大外形尺寸和冷却水路末端间的最大轴向距离，在最大距离值的基础上再加上 25mm 作为模具边界的外形尺寸参考，模具边界尺寸设置如图 2-59 所示。

05 单击【确定】按钮，模具边界（模具镶块）创建效果如图 2-60 所示。

图 2-59　设置模具边界尺寸

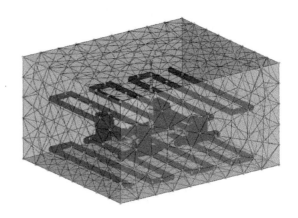

图 2-60　创建的模具边界

2.3.3　创建模具镶件几何

　　模具镶件可以起到成型、排气、散热等作用，甚至还可以用来顶出制件。用在深腔或深孔时，可以通入水路，加强这些一般水路难以冷却到的区域进行冷却。有的还将潜伏式浇口的通道设置在镶件中。

 创建模具镶件

> 下面简单介绍模具成型镶件的创建过程，具体操作步骤如下。
>
> **技术要点：**
>
> 　　3D 实体网格类型是不能创建模具镶件的，只有中性面或双层面网格类型才能创建模具镶件。

扫码看视频

01 在【几何】选项卡的【创建】面板中单击【镶件】按钮，【工具】选项卡中将会显示【创建模具镶件】选项面板，如图 2-61 所示。

02 在【创建模具镶件】选项面板中选择和模具镶件接触的网格，如图 2-62 所示。

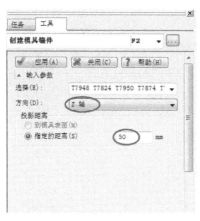

图 2-61 【创建模具镶件】选项面板

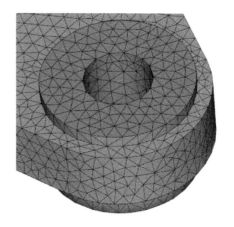

图 2-62 选择网格

03 在【创建模具镶件】选项面板中选择镶件的方向为【Z 轴】，输入镶件的高度（此高度如果已经创建了模具型腔，可以选择【零件，标准】选项；如果没有创建模具表面，可以在【指定的距离】文本框中输入相应的高度值）。

📌 **技术要点：**

可以沿着垂直于深腔的方向或沿着三个坐标轴方向。创建深腔内的镶件时建议沿着垂直于深腔的方向；创建其他部位的镶件时可以选择性地沿着坐标轴方向。

04 在【创建模具镶件】选项面板中单击【应用】按钮，创建模具镶件，如图 2-63 所示。

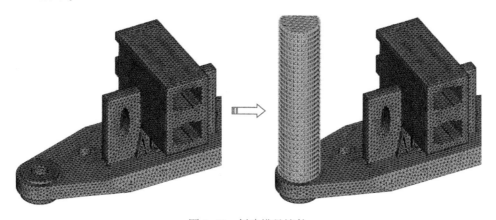

图 2-63 创建模具镶件

第3章 网格划分与缺陷修复

本章导读

因为网格质量会影响最终注塑成型的模拟分析效果，所以网格的划分与修复一直以来都是分析模型的重点。本章将详细讲解一般的网格划分、网格修复及模型简化等知识。

3.1 有限元网格概述

网格划分后的质量好坏将直接影响到制品的分析结果。对于结构较为简单的模型来说，仅仅在 Autodesk Moldflow 中就可以完美解决网格质量问题。对于结构复杂的模型，在 Autodesk Moldflow 中无论如何设置网格边长来进行划分，得到的效果都不是很理想。虽然可以逐一去处理这些差的网格，但也会消耗大量的时间。本节主要讲解 Autodesk Moldflow 有限元网格的基本情况。

3.1.1 有限元网格类型

在第 1 章介绍了 Autodesk Moldflow 中有 3 种成型模拟分析技术，但应用哪一种成型模拟技术使分析数据更为精确呢？通常情况下，实体模型技术（应用 3D 实体网格类型）是最精确的，其次是表面模型技术（应用双层网格），最后才是中性面模型技术（应用中性面网格）。

1. 中性面网格

中性面网格适用于薄壁制品（如平板类零件），当制品由薄壁特征组成时，分析结果还是很准确的。但对于截面为正方形、圆形，总体形状为长条形的一维特征时，流动分析是不准确的。薄壁特征要求流动的宽度至少是厚度的 4 倍（也就是宽高比要大于 4：1）。

中性面网格利用 Hele-Shaw 模型求解，流动近似层流。忽略流体的重力效应和惯性效应。传热过程中，忽略了平面内的热传导和厚度方向上的热对流。而且，还忽略了边上的热损失。图 3-1 所示为中性面模型网格，左上图表示模型几何，左下图表示网格划分，右图为

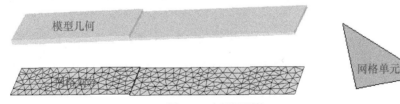

图 3-1　中性面网格

网格单元。

中性面网格的单元为三角形，每个单元由 3 个节点构成。中性面网格需要抽取中性面的过程，尽管 Autodesk Moldflow 可以自动抽取中性面，但对于复杂的几何，自动抽取的中性面往往有很多错误，修补的工作量很大。因此，一般用 Creo、UG 等 CAD 软件进行抽取中性面的前处理工作。

中性面网格可用来分析的序列包括：流动、充填、冷却、翘曲、收缩、压力、气辅成型、最佳浇口位置和热固性塑料成型等。

2. 双层面网格

双层面网格的假设和求解模型基本与中性面一致，而且双层面网格还增加了网格的匹配率。当网格的匹配率较低时，分析结果的准确性就会大大降低，甚至不如中性面网格。图 3-2 中显示了双层面网格划分，左上图表示双层面网格，左下图表示网格匹配情况，上面的颜色表示匹配，右图表示相互匹配的两个网格单元。双层面网格的好处是不用抽取中性面，减少了建模的工作量。而且双层面模型利用外壳表面表示制品，使得结果显示具有真实感，利于分析判读。

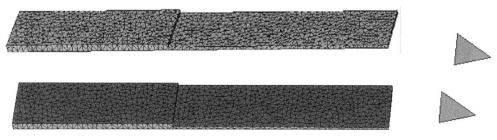

图 3-2　双层面网格

双层面网格可以进行的分析序列包括：流动分析、冷却分析、纤维配向性分析、收缩翘曲分析和成型条件最佳化分析。

3. 3D 实体网格

3D 网格适于厚壁制品，如图 3-3 所示。事实上，3D 网格适用于任何几何形状的制品。但考虑到求解效率，薄壁制品还是用中性面网格和双层面网格比较方便。与中性面和双层面不同的是，3D 实体网格利用 Navier-Stokes 方程求解，它计算模型上任何一个节点的温度、压力和速度等物理量。传热过程中，3D 实体网格求解考虑各个节点在各个方向上的传导和对流，因此冷却分析更准确。3D 模型也考虑了熔体的惯性效应和重力效应，虽然这两个因素在多数情况下的影响不大。3D 预测变形不利用 CRIMS 模型数据。图 3-4 所示为 3D 实体网格划分，左图表示 3D 实体网格划分，

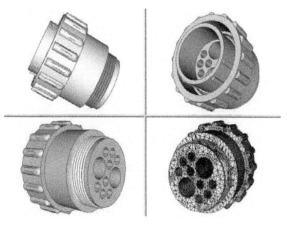

图 3-3　厚壁产品

右图表示四面体 3D 网格单元。

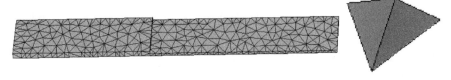

图 3-4　实体网格

3D 实体网格比中性面网格和双层面网格的分析时间要长，可以进行分析的序列包括充填分析、保压分析、冷却分析和翘曲分析。

对于以上 3 种网格做如下总结。

- 对于中性面网格、双层面网格和 3D 实体网格，充填在总体上都是比较准确的。
- 3D 实体网格和中性面网格对注射压力的模拟与实际比较吻合。
- 双层面网格对注射压力的预测偏高。
- 3D 实体网格对变形的预测比中性面网格和双层面网格准确。

4. 网格类型的修改

在上一章的入门案例中我们学习了 Autodesk Moldflow 有限元分析的一般流程。其中就有关于网格类型的选择方式。进入 Autodesk Moldflow 分析环境之后，还可以修改网格类型，如图 3-5 所示。

图 3-5　修改网格类型

3.1.2　认识网格单元

Autodesk Moldflow 中的网格是由无数个网格单元组成的，网格单元之间以节点联系。常见的网格单元类型包括柱体单元、三角形单元和四面体单元，如图 3-6 所示。

双层面模型技术的壳单元可以是 3 个或 6 个节点的多边形平面单元或三角形单元组成。中性面模型技术的网格模型主要由 3 个节点的三角形单元组成，形成一个 2D 平面模型来代表一个实体模型。中性面网格提供最基本的填充分析。

柱体单元　　　　三角形单元　　　　四面体单元

图 3-6　网格单元类型

- 柱体单元：定义浇注系统和冷却水道等，也称为【3D 管道网格】。
- 三角形单元：定义薄壁制件和嵌件等，也称为【网格】。
- 四面体单元：定义厚壁制件、型芯和浇注系统等，也称为【模具网格】。

3.2 网格的划分

对于不同的分析，使用中性面还是双层面的网格模型会有不同的要求。对于常见的塑胶产品，双层面网格模型应用更多一些。

网格的划分操作包括网格密度的设置、网格生成和网格统计。

3.2.1 设置网格密度

网格密度是指每个单位面积（mm^2）中的网格单元数量，系统默认单元数量为 10 个。在单位面积不变的情况下，网格边长值越短，网格密度就会越大。因此，除了定义单元数量，还可定义网格边长值来改变网格密度。下面介绍两种定义网格密度的方式。

1. 定义全局密度

全局密度控制着一个分析环境中的多个分析模型的密度。这对于多个产品模型体积相差不大的分析模型来说，设定一个统一的网格密度会加速分析进程。在【网格】选项卡的【网格】面板中单击【密度】按钮，将会弹出【定义网格密度】对话框，如图 3-7 所示。

在【定义网格密度】对话框中一般会设置【边长】值（指三角形 2D 网格单元或四面体网格单元的边长），其他参数尽量保持默认。边长值的大小决定了网格匹配、纵横比、自由边和重叠等问题是否会出现。

2. 定向设置网格密度

当分析环境中出现多种分析模型且各个模型的大小相差较大时，那么每一个分析模型的网格密度是不能设定为相同的，此时需要定向设置网格密度。在【网格】选项卡的【网格】面板中单击【生成网格】按钮，在【工程】视窗的【工具】选项卡中会显示【生成网格】选项面板，如图 3-8 所示。在【生成网格】选项面板中设置【全局边长】值，等同于定向设置了单个分析模型的网格密度。当发现网格边长值设定并生成网格后，网格质量不达标可以重新划分网格，在【生成网格】选项面板中勾选【重新划分产品网格】复选框即可。

图 3-7 【定义网格密度】对话框

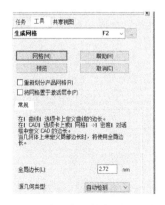

图 3-8 【生成网格】选项面板

3.2.2　生成网格

不同的网络类型会有不同的网格属性设置。图 3-9 所示为中性面网格、双层面网格和 3D 实体网格这 3 种网格类型在【工程】视窗的【工具】选项卡中对应的【生成网格】选项面板。

定义了【全局边长】值之后，如果是初次定义网格属性，直接单击【网格】按钮 网格(M)，系统会自动生成网格。

中性面网格　　　　　　双层面网格　　　　　　3D 实体网格

图 3-9　3 种网格类型对应的【生成网格】选项面板

3.2.3　网格统计

网格统计是对用户划分网格的信息统计，用户可根据统计结果做出网格模型是否符合分析要求，如果不能满足分析要求，那么就需要重新划分网格或者对网格中的缺陷进行修复。

3.3　Autodesk Moldflow 网格诊断与修复

好的网格模型是获得准确的冷却、流动和翘曲的基础。明白什么样的网格模型是一个好的分析模型，这有助于用户在 CAD 里建立易于分析的 3D 模型，也使得模型的转换会更顺畅。下面介绍 Autodesk Moldflow 中常见的网格诊断工具和网格缺陷修复工具。

> **技术要点:**
>
> 网格质量是由网格密度决定的，虽然改变网格密度可以完全杜绝网格缺陷，但是网格密度越大，分析所耗时间也相对长，特别是大件的产品，对于配置不高的计算机是很消耗时间的，因此很多用户都会将网格密度设置得小一些，这样即使少量出现网格缺陷，也能快速处理。

3.3.1　网格诊断技术

进行网格诊断的前提是先根据网格统计结果来选择一种合适的诊断工具。下面介绍一些常用的网络诊断工具。

1. 检查自由边

有限元网格模型一般存在自由边、公用边和交叉/重叠边（也叫多重边）3 种边。其中，公用边是合格网格单元中独有的。其他边都属于问题边，需要及时处理。

自由边就是没有与其他单元相连接的边。正确的双层面网格和实体 3D 网格中不能含有任何自由边，因为它们代表网格没有形成封闭空间，也就意味着网格中有破孔存在，如图 3-10 所示。

中性面网格可以有自由边。例如在许多情况下沿着分型线会出现自由边，如图 3-11 所示。对于哪里应该是正常的自由边或者哪些不是正常的自由边，需要手动检查才能判断。

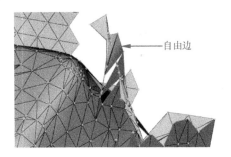

图 3-10　不合理的双层面自由边

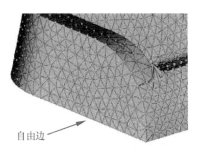

图 3-11　合理的中性面自由边

要检查自由边，可在【网格诊断】面板中单击【自由边】按钮，在【工程】视窗的【工具】选项卡中弹出的【自由边诊断】选项面板中单击【显示】按钮，系统自动完成整个网格模型中存在的自由边，如图 3-12 所示。检查结果中，红色显示为自由边，蓝色显示为多重边（即交叉或重叠边），读者可在软件中，进行实际操作后，看到准确的颜色区分。

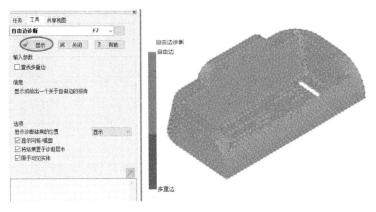

图 3-12　检查自由边

（1）共用边

共用边是指单元的一棱边和其他单元的边完整相连接。在双层面模型中只允许有这种边，中性面模型中也可能有许多共用边。图 3-13 所示的 B 单元边界，公用边是合理的边界，不用进行网格诊断。

（2）交叉边或重叠边

图 3-13 所示的 C 单元边界是一条交叉边，它是指单元的一条边和另外两个或更多单元

相连接。双层面网格模型中不能有交叉边，而中性面网格模型中，在筋的交叉处或别的特殊结构上可能有交叉边存在。图 3-13 所示的 A 单元边界为自由边。

在【自由边诊断】选项面板中若勾选【查找多重边】复选框，可在检查自由边的同时，将网格模型中的多重边查找出来。或者直接在【网格】选项卡的【网格诊断】面板中单击【重叠】按钮■，【工程】视窗的【工具】选项卡中将会弹出【重叠单元诊断】选项面板，单击【显示】按钮，系统将自动检查网格模型中存在的交叉或重叠边，如图 3-14 所示。

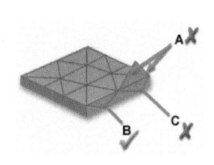

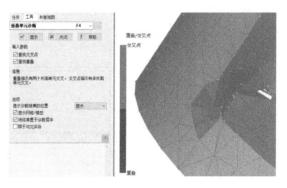

图 3-13　共用边和交叉边　　　　　　　　　图 3-14　检查交叉或重叠边

2. 网格匹配率

网格匹配率是双层面网格模型才有的一项参数。图 3-15 所示中的图 a 是一个没有匹配的网格，图 b 是一个匹配很好的网格。

在双层面模型里网格单元应该和对面（厚度的另外一边）的单元匹配，对于流动分析，网格匹配率应该在 85% 以上，对于翘曲分析，必须在 90% 以上，这样分析出来的结果才能够接受。在双层面模型里如果网格匹配率不够高，通常表明这个网格的密度不够高，或者这个产品表面凸凹得太厉害。

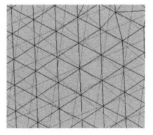

a) 没有匹配的网格　　　　　　　　b) 匹配很好的网格

图 3-15　网格匹配

要进行翘曲分析，应该有高达约 90% 的匹配率。也就是说，当两个元素相互匹配时，它们也应该是约 90%，但是，对于产品有筋和曲面的时候要达到约 90% 的匹配率是很困难的。在这种情况下，达到约 85% 也是可接受的。当然百分比越高，结果越准确。

在【网格】选项卡的【网格诊断】面板中单击【网格匹配】按钮，将会弹出【网格匹配诊断】选项面板，单击【显示】按钮即可完成网格匹配诊断，如图 3-16 所示。

3. 纵横比检查

纵横比是单元的最长边与单元的高的比值，该值越小越好，平均值应该在 3:1 以下，并且最大的不能超过 6:1。但是对于复杂的双层面网格模型是很难达到的。图 3-17 所示为三角形单元纵横比 $(w:h)$ 和柱体单元的纵横比 $(l:d)$。

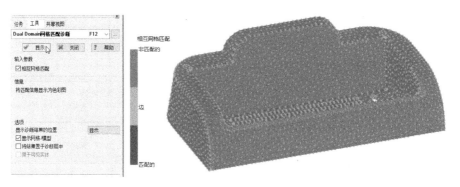

图 3-16　网格匹配诊断

高的纵横比很有可能对分析的结果产生负面的影响。流动分析对纵横比的敏感度最低，而冷却分析和翘曲分析对纵横比的敏感度是比较高的。如果纵横比太高，分析将可能不收敛，而且有可能产生不合逻辑的结果，甚至可能导致解算失败。当考虑

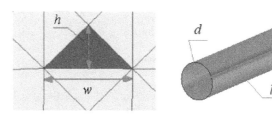

图 3-17　三角形单元和柱体单元的纵横比

网格的质量时，低的纵横比是非常重要的。模型的创建阶段通常是最耗时间的。好的 CAD 模型设计能够避免纵横比问题的出现。

在【网格】选项卡的【网格诊断】面板中单击【纵横比】按钮🔍，将会弹出【纵横比诊断】选项面板，单击【显示】按钮即可完成纵横比诊断，如图 3-18 所示。

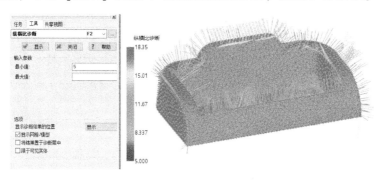

图 3-18　纵横比诊断

4. 连通性检查

连通区域就是一组单元相互连接在一起的区域。双层面网格和中性面网格模型都只能有一个连续区域。当 Autodesk Moldflow 从 CAD 模型上生成网格模型时，部分单元可能会与网格模型中其他部分分离开，如果出现这种情况，就必须修正这个问题。

在【网格】选项卡的【网格诊断】面板中单击【连通性】按钮▨，将会弹出【连通性诊断】选项面板，在图形区中选取所有网格模型单元，再单击【显示】按钮即可完成连通性诊断，如图 3-19 所示。若网格单元全部显示为蓝色，表示连通性很好，若显示为红色，

表示连通性不好需要修复网格的连通性问题（读者可在软件中进行实际操作后看到准确的颜色区分）。

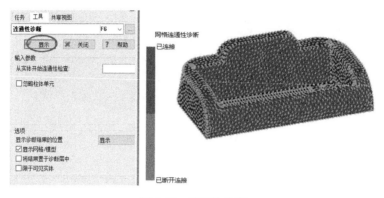

图 3-19　连通性诊断

5. 网格取向检查

取向决定了单元的上表面和下表面。在许多 CAD 系统里被定义为法向，中性面网格模型的方向必须一致才能观察结果，而双层面网格模型，模型的外表面总被定义为上表面。

在【网格】选项卡的【网格诊断】面板中单击【取向】按钮 📐，将会弹出【取向诊断】选项面板，单击【显示】按钮完成取向诊断。在取向诊断后所显示的图形中，将用不同的颜色来标识方向：蓝色为上表面，红色为下表面，如图 3-20 所示（读者可在软件中进行实际操作后看到准确的颜色区分）。图中用剖切平面剖分了双层面网格模型从而显示其的内部方向。

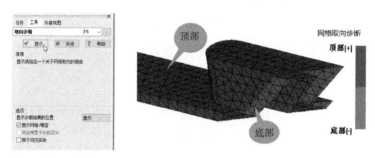

图 3-20　双层面网格模型的网格取向

3.3.2　网格修复工具

经过一系列的网格诊断操作后，接下来要对网格缺陷进行修复，以使网格模型达到模流分析的基本要求。网格的修复分自动修复和手工修复两种。手工修复的全过程将在后面的综合案例中进行详细介绍，这里仅介绍网格的自动修复。网格的自动修复工具包括网格修复向导和自动修复。

1. 网格修复向导

网格修复向导工具能够修复绝大多数的网格缺陷，但并不能完美解决所有的网格问题，通常，模流分析工程师进行网格修复操作时，首先是自动修复，然后才是手工修复，直至把所有网格缺陷问题全部解决，具体操作步骤如下。

01 在【网格】选项卡的【网格编辑】面板中单击【网格修复向导】按钮，将会弹出【缝合自由边】对话框，如图 3-21 所示。【缝合自由边】对话框中显示【已发现 0 条自由边】的信息，说明没有此类缺陷，可单击【前进】按钮进入下一页面进行缺陷的修复操作。

技术要点：

单击【网格修复向导】按钮后，正常来说应该弹出【网格修复向导】对话框。但这里却显示的是【缝合自由边】对话框，意思是首先要自动修复的缺陷是自由边。

02 在弹出的【填充孔】对话框中显示【此模型中不存在任何孔】信息，表示没有此类网格缺陷，如图 3-22 所示。

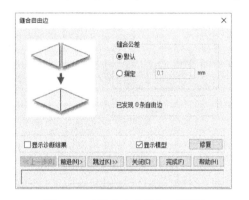

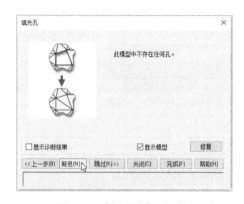

图 3-21 【缝合自由边】对话框　　　　　　图 3-22 【填充孔】对话框

03 单击【填充孔】对话框中的【前进】按钮，直至弹出有问题的对话框。例如在弹出的【纵横比】对话框中设置目标值为 5，单击【修复】按钮即可自动修改纵横比，如图 3-23 所示。

04 完成修改后，在弹出的【摘要】对话框中单击【关闭】按钮，完成网格的自动修复，如图 3-24 所示。

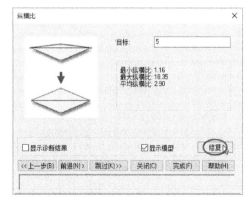

图 3-23 纵横比的修改　　　　　　图 3-24 完成自动修复

2. 自动修复

【自动修复】工具可以自动修复网格中的交叉边、重叠单元及网格纵横比等问题。在【网格】选项卡的【网格编辑】面板中（单击 ▼ 按钮展开面板才能找到该按钮）单击【自动修复】按钮 ▩，在【工程】视窗的【工具】选项卡弹出的【自动修复】选项面板中单击【应用】按钮，系统将自动完成网格中的交叉、重叠及纵横比缺陷，如图 3-25 所示。

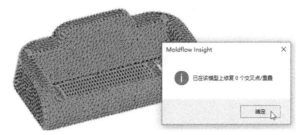

图 3-25　自动修复网格缺陷

<h2>3.4　Autodesk Moldflow 网格修复案例</h2>

本节利用一个实际的工程案例，详细介绍 Autodesk Moldflow 进行网格划分、诊断和完全修复的全流程。

<h3>3.4.1　网格的划分</h3>

网格的划分有以下几个步骤。
- 导入分析模型。
- 划分网格。
- 网格统计。

扫码看视频

1. 在创建的项目中导入模型

在创建的项目中导入模型的具体操作步骤如下。

01　启动 Autodesk Moldflow，单击【新建工程】按钮 📄，新建命名为【面壳网格划分】的工程文件，如图 3-26 所示。

图 3-26　新建工程

02　在【导入】面板中单击【导入】按钮 →，在打开的【导入】对话框中选择要导入的模型文件 mianke.igs（未经过模型简化处理），再单击【打开】按钮，接着在弹出的【导入】对话框中选择网格类型为【双层面】，如图 3-27 所示。最后单击【确定】按钮完成模型的导入。

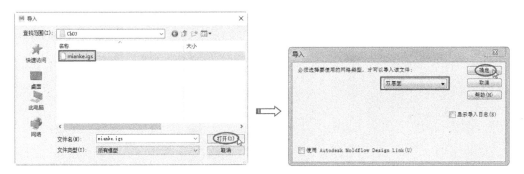

图 3-27 导入模型

03 导入的模型如图 3-28 所示。此时的模型仅仅是曲面模型，并没有进行网格划分。

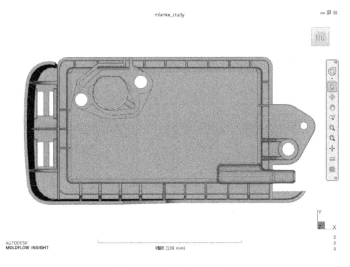

图 3-28 导入的模型

2. 网格划分

网格划分的具体操作步骤如下。

在功能区【网格】选项卡中单击【生成网格】按钮，在【工程】视窗的【工具】选项卡中将会弹出【生成网格】选项面板，如图 3-29 所示，保留默认的设置后单击【网格】按钮，程序自动生成网格。

技术要点：

一般程序会给模型一个划分网格的参考值，此参考值是根据模型的尺寸来计算的。依据这个参考值划分的网格通常都不是太理想，因此网格边长值的取值应参考模型的壁厚情况来设置。

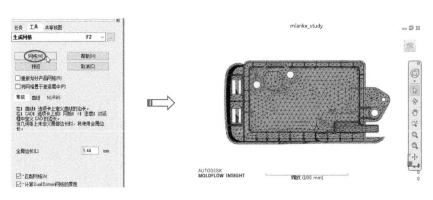

图 3-29　网格的生成

3. 网格统计

在 Autodesk Moldflow 中，程序自动生成的网格随着制件形状的复杂程度存在着或多或少的缺陷，网格的缺陷不仅对计算结果产生重要的影响，而且还会因为网格质量的低劣，导致整个分析失败。因此，要对网格进行必要的统计调查，并对统计结果中出现的网格缺陷进行修复。网格统计的具体操作步骤如下。

01　网格生成以后，单击【网格诊断】面板中的【网格统计】按钮，在【工程】视窗的【工具】选项卡中单击【显示】按钮，系统执行网格统计计算，统计结果显示在【工具】选项卡底部的文本框内，如图 3-30 所示。

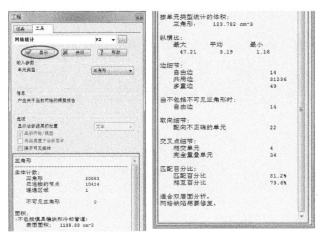

图 3-30　网格统计与显示

从网格统计结果中可看到网格统计的结果信息为【适合双层面分析。网格缺陷需要修复】，网格缺陷为常见的交叉边、配向不正确、相交单元、纵横比以及匹配率低等缺陷。出现这些网格缺陷，主要是模型中的细小特征结构比较多，由于网格密度较大（由网格边长值决定的），因此网格划分的效果比较差。

3.4.2　网格诊断与缺陷处理

网格统计后出现的缺陷必须立即进行修复，网格缺陷的处理主要有如下 4 个操作步骤。

1）对模型进行网格重划分，以提高网格匹配率。

2）整体合并节点。

3）对所有的网格进行自动修复，以达到减少交叉和重叠单元的目的。

4）利用网格诊断工具诊断出各缺陷在模型中的位置。

表 3-1 所示为针对网格缺陷所采取的修复方法。

表 3-1　网格缺陷的修复方法

网格质量问题	可行的修复方法
低的网格匹配率	减小网格边长，并重新划分网格
相交和重叠	执行相交的检查，将有问题的网格单独放置到一个图层里。使用网格工具进行修复。首先尝试用自动修复命令，但要注意检查该命令是否产生了新的网格问题。如果相交和重叠依然存在，那么删除重叠的单元，合并相应的接点。最后使用填充孔的命令
自由边或交叉边	执行边的检查，将有问题的边单独放置到新的图层中，使用合并节点等命令
高的纵横比	执行纵横比诊断，将有问题的网格单独放置到新的图层。使用网格工具进行修复。常用的工具包括：合并节点、交换边、插入节点、移动节点和对齐节点
配向不正确单元	尝试使用网格工具条上的【全部取向】命令。如果解决不了问题，再使用网格工具里的【单元取向】命令来修复

接下来详解网格缺陷的修复过程，具体操作步骤如下。

1. 网格重划分

网格重划分的具体操作步骤如下。

01　在【工程】视窗的【任务】选项卡下双击【mianke_方案】项目，切换到该方案的任务环境中。

02　单击【生成网格】按钮，在【工程】视窗弹出的【工具】选项卡的【生成网格】选项面板中输入【全局边长】为 2，勾选【重新划分产品网格】复选框，再单击【网格】按钮，系统自动重划分网格，如图 3-31 所示。

03　网格重划分之后，再进行网格统计，统计结果如图 3-32 所示。对比重划分网格前的统计结果，网格质量有了很大提高，单看一项匹配百分百，由最初的 81.2% 提高到 89.3%。此外，自由边、多重边（交叉边）及相交、重叠单元的数量也有所减少。

技术要点：

网格的边长值取决于模型的厚度尺寸、网格的匹配质量及模型的形状精度。一般为制件厚度的 1.5~2 倍，足以保证分析精度。值越小，质量与精度就相对较高，但计算所需的时间也越长。本例模型的最大壁厚度为 2，因此设定全局网格边长值为 3 是合适的。但为了要进行翘曲分析，有必要设置更小的网格边长值，例如设置为 2。重划分网格后，将会得到很高的匹配率，按理说即使有些小缺陷，也不会对分析结构产生较大影响。但为了分析得更精准，有必要进行缺陷的修复。

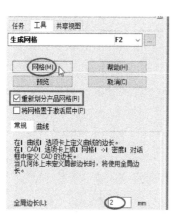

图 3-31 重划分网格

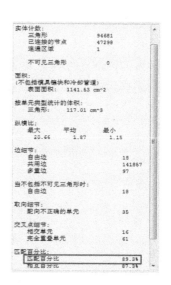

图 3-32 重统计网格

2. 整体合并

使用网格处理工具条上的【整体合并】工具，将模型上重叠的节点进行整体合并操作，而且还能删除重复的柱体单元和三角形单元，解决尖锐的三角形单元。其目的是修复多重边、完全重叠单元等缺陷。整体合并的具体操作步骤如下。

01 在【网格编辑】面板中单击【整体合并】按钮 ⬆ 整体合并，在【工程】视窗的【工具】选项卡的【整体合并】选项面板中设置合并公差为 0.5，之后单击【应用】 ✔ 应用(A) 按钮，进行重复单元的整体合并操作，如图 3-33 所示。

02 重新进行网格统计，查看统计结果如图 3-34 所示。

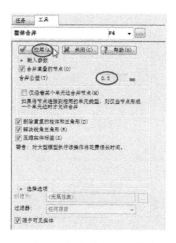

图 3-33 整体合并重复节点

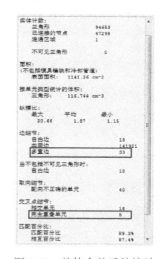

图 3-34 整体合并后的统计

03 从统计结果可看见，整体合并操作后，多重边和完全重叠单元的数量均减少了。

3. 自动修复

使用【自动修复】工具可以对网格的相交或重叠单元进行自动修复，具体操作步骤如下。

01 在【网格编辑】面板中单击【自动修复】按钮 🔲 自动修复，然后在【工具】选项卡的【自动修复】选项面板中再单击【应用】按钮 ✔ 应用(A)，进行网格自动修复，如图 3-35 所示。

02 完成自动修复操作后，再进行网格统计，统计结果如图 3-36 所示。

图 3-35　自动修复相交单元

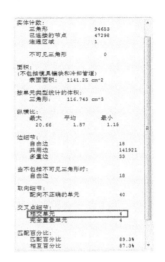

图 3-36　重新统计网格

03 从统计结果可看见，相交单元已从 16 减少到 4 个，完全重叠单元也减了 1 个，但并没完全解决。说明仅仅使用此两项修改工具是不能达到修复要求的。

4. 缝合自由边

有时产生的自由边位于模型的隐蔽处，在模型中就不易查找。那么这时候就可以使用【网格修复向导】工具来指导完成，具体操作步骤如下。

01 在【网格编辑】面板中单击【网格修复向导】按钮 🔲，将会弹出【缝合自由边】对话框。

02 在【缝合自由边】对话框中勾选【显示诊断结果】复选框，随后信息提示【已发现 16 条自由边】，如图 3-37 所示。

03 修改缝合公差，单击对话框中的【修复】按钮，程序自动对自由边进行缝合，如图 3-38 所示。

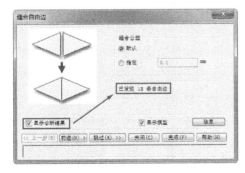

图 3-37　显示诊断信息

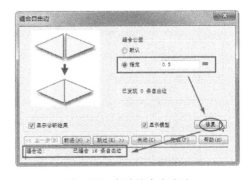

图 3-38　自动缝合自由边

如果缝合自由边的效果不是很好，可以修改缝合公差，默认公差是 0.1。可以更改为 0.3、0.5 等数值进行反复尝试。

04 单击【完成】按钮，系统继续修复其他缺陷，如删除突出单元、重叠/交叉节点和折叠面等，如图 3-39 所示。

图 3-39　诊断修复其他缺陷

在【网格修复向导】对话框中单击【完成】按钮来修复缺陷，实际上是对网格中所有的缺陷进行一次性自动修复。如果利用该工具不能完全消除缺陷，再使用网格工具手工修复的方法来完成缺陷的修复。

05 自由边曲线修复后进行一次网格统计，将会得到如图 3-40 所示的统计结果。

06 对自动修复后的网格进行重划分，将会得到如图 3-41 所示的统计结果。

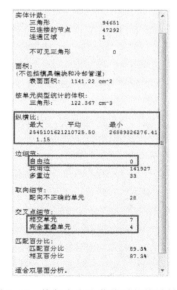

图 3-40　修复自由边曲线后的统计结果

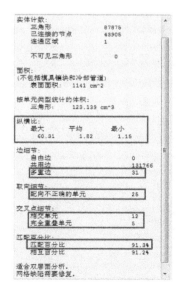

图 3-41　重划分网格后的统计结果

07 从重划分网格的统计结果中可看见，纵横比得到了很大改善，一一对比其他选项，也有部分改善。

总体来说，利用【网格修复向导】工具自动修复缺陷，效果还是不错的。仔细观察后发现，虽然减少了一些缺陷，但并没有完全消除所有缺陷。接下来介绍手工修复方法。

5. 手工修复缺陷

手工修复就是先对网格缺陷进行诊断，然后进行网格编辑。手工修复的重点在两个方面：一是修复相交和重叠单元，二是改善纵横比。

（1）重叠诊断与修复

重叠诊断与修复的具体操作步骤如下。

01 在【网格诊断】面板中单击【重叠】按钮☑重叠，在弹出的自由边诊断【工具】选项卡的【重叠单元诊断】选项面板中勾选【将结果置于诊断层中】复选框，保留其他默认设置，单击【显示】按钮✔ 显示，程序将诊断信息以图像形式显示在屏幕中，如图3-42所示。

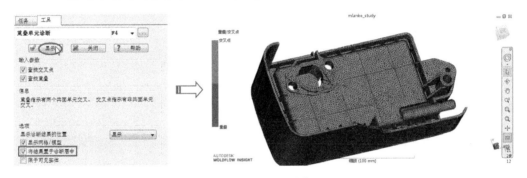

图3-42　重叠诊断

02 图形区中左侧的重叠诊断色块，红色为自由边，蓝色为多重边（读者可通过在软件中实际操作观察颜色变化）。一般来说仅凭肉眼是很难直接找出缺陷网格的，可以利用图层中的显示状态来寻找。在【层】视窗中取消勾选【网格单元】复选框，之后勾选【诊断结果】复选框，此时在图形区中就会显示诊断的自由边和多重边，如图3-43所示。

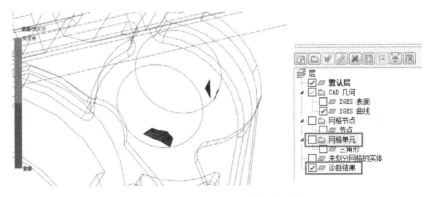

图3-43　查看重叠和交叉单元所在位置

03 选择所有蓝色的重叠单元，然后按 Delete 键进行删除。对于交叉单元，处理的办法是合并一些相交单元上的节点，已达到减少单元的目的，或者删除相交单元，重新创建三角形网格进行修补。下面使用合并节点的快速修补方法。

04 在【网格编辑】面板中单击【合并节点】按钮 ⬚合并节点，首先选择要合并到的 A 节点，再选择要合并的 B 节点，单击【应用】按钮 ✔ 应用(A) 完成合并，如图 3-44 所示。另一处的相交位置，删除部分交叉单元即可解决问题。

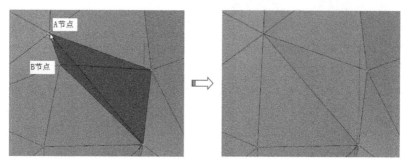

图 3-44　合并节点

05 交叉/重叠单元修复后，图形区视窗左侧的重叠诊断色块自动消失，表示修复完成。重新进行网格统计，查看修复效果，如图 3-45 所示。发现统计数据中相交单元和完全重叠单元为 0，修复很成功。

下面解决增加了自由边这个问题。

（2）自由边诊断与修复

自由边诊断与修复的具体操作步骤如下。

01 单击【自由边】按钮 ⬚自由边，在【工具】选项卡的【自由边诊断】选项面板中勾选【将结果置于诊断层中】复选框，单击【显示】按钮 ✔ 显示 ，诊断自由边，如图 3-46 所示。通过诊断发现，其实就是前面重叠单元和交叉单元修复留下的边界没有与主体网格进行缝合。

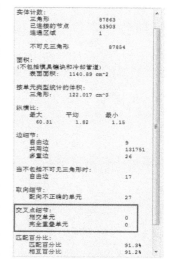

图 3-45　重新统计网格

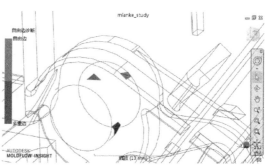

图 3-46　自由边诊断

02 在功能区【网格】选项卡的【网格编辑】面板中单击【网格修复向导】按钮 ，然后进行自由边的缝合，如图 3-47 所示。

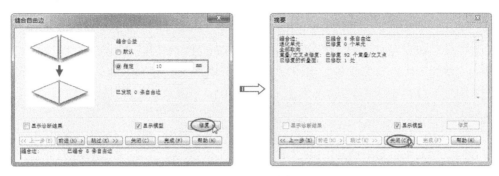

图 3-47 自动缝合自由边

03 保存项目文件。

由于在本书后续章节中对网格模型的修复均是采用手工修复方式来进行的，因此，关于网格缺陷的处理问题就介绍到这里。

3.5 CADdoctor 模型修复医生

CADdoctor for Autodesk Simulation（简称 CADdoctor 或 MFCD）是一款用于模型简化和模型缺陷修复的高级软件。使用 CADdoctor 的目的是为了提高网格质量、降低网格数量以及加快求解效率。模型简化后，虽然网格数量减少了，但由于匹配率、厚度定义和纵横比质量的提高，使得计算准确性反而提高。模型简化的原则是保证总体模型的大特征、简化小特征以及不影响注塑缺陷的捕捉。圆角、倒角的存在可能增多 30% 的网格数量。一般而言，如果网格修补的时间超过半小时，那么最好重新简化 CAD 模型。

常见的模型简化包括去除小的圆角和倒角、去除小的筋和凸台，以及去除字和纹理等。因为小圆角、倒角、字和纹理会导致很大的纵横比并降低匹配率，所以去除它们会减少很多网格修补工作量。模型简化要注意保形性，使得简化后和简化前模型的形状相似，差异不大。另外，对于不在此次分析的小特征也可以去除。在制品转角处，要同时去除或保留内部和外部的圆角（倒角），以保证转角的厚度。注意不要简化掉具有功能需求的薄壁特征，如薄筋和小凸台，这些特征可能恰恰是问题点所在，简化这些特征会掩盖问题点。

小圆角会增加壁厚，图 3-48 所示的 T 形筋截面。圆角会增加筋根部的壁厚，底壁厚为 1.2，筋厚为 1.0，圆角为 0.5。圆点表示节点，虚线表示中性面。

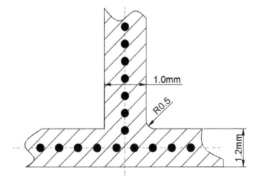

图 3-48 圆角对网格划分的影响

技术要点：

> 圆角会增加对应位置的节点数量，而且节点距离很短。这样，匹配率就会降低，厚度定义也会出现问题，而且会引起较大的单元长高比。

对于中性面和双层面网格，算法不会捕捉圆角处的剪切变化。但对于 3D 网格，算法捕捉圆角处的剪切变化。总体来说，圆角对流动的影响不大，对压力和温度的影响只是局部效应。

3.5.1　CADdoctor for Autodesk Simulation 简介

CADdoctor for Autodesk Simulation（简称 CADdoctor 或 MFCD）作为业界所用 3D 软件的【桥梁】，实现了不同 CAD 平台间的无缝连接。使得不同的软件之间可以随意进行不同档案的互换。根据不同 CAD 平台的公差和几何拓扑结构，进行不同的分析。强大的自动修复功能和高质量的产品处理能力获得可量产的模型。CADDoctor 从源头开始提供高质量的模型，帮助工程师从琐碎的劳动中解放出来，投入更大的精力去提升设计方案。

CADdoctor 不仅仅针对 Autodesk Moldflow 用来简化模型，也常用于其他三维 CAD 软件的模型修复。例如在不同软件之间进行模型文件转换时，会因公差不同、几何拓扑方式不同，产生模型错误（模型破面）。

CADdoctor 的修复主要体现在以下 3 个方面。

- 不同格式文件转换的模型修复：强大的自动搜索、自动修复功能，针对业界各种不同的 3D 软件提供了 70 多项检查项，从而高效、快速地修复产品所有的问题。
- 简化模型结构：设定值范围内的倒角、网孔、刻字、BOSS 柱、小圆孔等特征一次性全部删除。提高了产品质量，缩短了 CAE 分析时间，提高了 CAE 分析准确度。
- 开模检查修复：自动生成分模线、开模检讨报告；自动侦测到倒扣位置；详细罗列出不利开模的具体位置。可以自定义产品肉厚、拔模角度、尖角和 Boss 柱（产品上的圆柱）高度等搜索项。

自 Autodesk Moldflow 2019 版本之后，软件功能包中不再含有 CADdoctor，CADdoctor 已经独立于 Autodesk Moldflow 之外，因为 Autodesk（欧特克）公司将 CADdoctor 出售给了日本的 Elysium 软件公司。因此，更高版本的 CADdoctor 不能再从 Autodesk 获取（感兴趣的读者可去 CADdoctor 官网付费购买最新版本的软件）。为节约读者学习成本，本章仍介绍基于 Autodesk Moldflow 2018 的 CADdoctor 2018 网格修复软件，对于有需求的读者可自行下载和安装使用。

 技术要点：

> 安装 CADdoctor 2018 时，要提前将计算机系统的防火墙、杀毒软件等全部关闭，以免影响许可管理器的使用。CADdoctor 2018 的许可服务器和 Autodesk Moldflow 2021 的许可服务器是独立的，两款软件由于版本不一致，因此在切换软件时需要重启许可服务器（重启之前也要关闭防火墙、杀毒软件等）。比如要使用 CADdoctor 2018 就启动该软件的许可服务器，要使用 Autodesk Moldflow 2021 就要再次重启 Autodesk Moldflow 2021 的许可服务器。若有安装疑问，可详细观看笔者录制的安装视频。

图 3-49 所示为 CADdoctor 2018 用户界面。

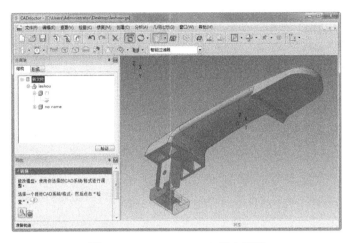

图 3-49　CADdoctor 2018 用户界面

下面将重点讲解 CADdoctor 2018 的模型的修复简化功能，以此更好地服务于 Autodesk Moldflow 的分析工作。

3.5.2　CADdoctor 模型修复

　　CADdoctor 可以完成导入模型的修复和模型简化。下面以案例来详解模型修复过程。练习的模型是 UG 软件导出的 igs 格式文件。在 CADdoctor 中不能通过打开方式载入模型，只能通过导入方式，具体操作步骤如下。

扫码看视频

01 启动 CADdoctor，在菜单栏执行【文件】|【导入】命令，将本例源文件 mi-anke. igs 格式文件导入 CADdoctor 中，如图 3-50 所示。

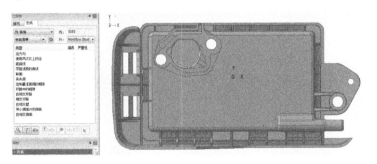

图 3-50　导入 igs 格式文件

02 从导入的模型视图看，模型中有许多的【阴影+线框显示】区域，表明模型文件进行格式转换后，模型中就产生了破面，需要修复。

03 在【主菜单】对话框的【形成】选项卡中选择【转换】模式，在【外】下拉列表中选择【Moldflow UDM】目标系统文件。

> **技术要点：**
>
> 选择【Moldflow UDM】选项，导出的格式就是 udm，在 Autodesk Moldflow 中导入时可以选择不同的网格类型进行分析。如果选择【Moldflow Study】选项，在 Autodesk Moldflow 中只能以 3D 实体网格形式进行分析。

04 在【形成】选项卡底部单击【检查】按钮，错误类型列表框中将列出模型所有的错误，如图 3-51 所示。

05 同时，在【导航】对话框中系统给出了修复建议，如图 3-52 所示。

图 3-51　检查错误

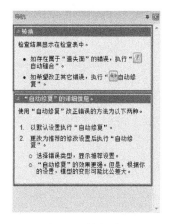
图 3-52　修复建议

06 在【形成】选项卡底部单击【自动缝合】按钮，在弹出的【Auto Stitch】对话框中设置【容差】（缝合公差）值为 1，单击【试运行】按钮，随即对模型进行破面修补，如图 3-53 所示。自动缝合后的错误类型列表中依旧列出了相关错误。

图 3-53　自动缝合

> **技术要点：**
>
> 为防止因曲面间隙过大且缝合公差又偏小而导致不能缝合曲面的情况出现，应尽可能地增大缝合前公差值。缝合后的公差值保持 0.01，为后续的缝合留下余地。

07 在【形成】选项卡底部单击【自动修复】按钮 进行自动修复，自动修复后的错误类型列表中仍然列出了部分错误，如图 3-54 所示。说明还要继续修复。

图 3-54　显示还需修复的错误

　　【丢失面】原意并非是丢失了面，是指针对模型（实体）而言，如果修复后的模型类型不是实体，而是曲面片体，则在 Autodesk Moldflow 中进行中性面网格或者双层面网格分析时，是可以不处理【丢失面】问题的。当然要用到【3D 实体】网格进行分析，就必须处理该问题了。实体与曲面最大的区别就在于：实体中各个曲面之间是关联而且是一个整体，曲面则是独立的片体。

08 从错误类型列表中可以看出，两次修复后【丢失面】仍然有 2 个，说明了不是自动修复就能解决的，需要手动解决。选中【丢失面】错误，在模型中查看高亮显示的【丢失面】错误，发现有重合的曲面，导致不能缝合，如图 3-55 所示。

图 3-55　查看丢失面

09 在【导航】面板的【辅助工具】选项卡中单击【移除】按钮 ，在丢失面位置上单击鼠标右键，选择要移除的面，再单击【完成】按钮 完成重合面的移除，如图 3-56 所示。

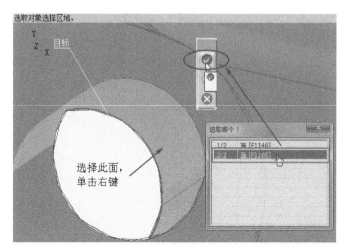

图 3-56　移除第 1 个重合曲面

10 同理，再选择第 2 个要移除的面进行移除操作，如图 3-57 所示。

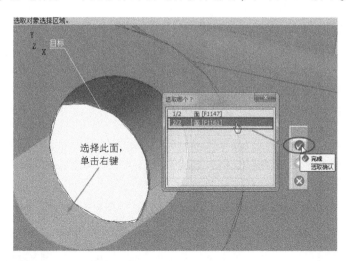

图 3-57　移除第 2 个重合曲面

11 再次在错误类型列表选中【丢失面】，然后在【导航】面板的【修复所有错误】选项卡中单击【自动缝合】按钮 ▮，设置【自动缝合前的】选项的自由公差值为 0.01，缝合丢失面，随后错误类型列表中的【丢失面】显示为 0，如图 3-58 所示。

12 选中【边和基准面间的间隙】进行修复，单击【自动修复】按钮 ▮，系统自动间修复，修复结果如图 3-59 所示。

13 【自相交壁】错误类型其实对模流分析的影响几乎为零，可以不用处理。自相交壁是由于缝合间隙过大引起的，这是因为第一次自动缝合时担忧曲面间的缝隙很大，设置的缝合公差为 1。由此可以断定：缝合公差须逐渐增大，而不是一步到位。如果最初设置缝合公差为 0.7，那么最终要修复的错误就会得到完美解决。

图 3-58 【丢失面】修复结果

图 3-59 修复结果

3.5.3 CADdoctor 模型简化

模型简化是将模型中的细小特征消除，这些细小特征也就是常见的模型工程特征，包括圆角、倒角、孔、加强筋、小凸台和台阶等。这些小特征的消除并不会改变模型的基本结构，反而有助于提升 Autodesk Moldflow 模流分析的准确性。下面介绍模型简化操作流程。

扫码看视频

1. 检查/删除倒角

检查/删除倒角的具体操作步骤如下。

01 在【主菜单】对话框的【形成】选项卡中选择【简化】模式。特征列表中将会列出模型中所有的特征种类，如图 3-60 所示。

02 选中【圆角】特征，再单击【形成】选项卡底部的【检查所有圆角】按钮，系统将自动检查模型中的所有圆角，并在模型中以粉红色显示所有的圆角，如图 3-61 所示。

图 3-60 选择【简化】模式

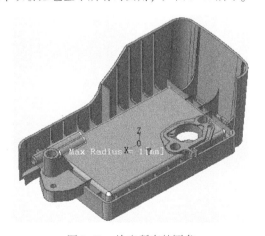

图 3-61 检查所有的圆角

03 由于模型中的圆角半径不完全相等，有大有小，因此需要将半径较小的圆角移除。利用【导航】面板的【编辑工具】选项卡中的【移除（圆角）】和【移除所有（圆角）】工具可以删除所有圆角。因为删除所有圆角将会改变模型形状，是不可取的，所以要在特征列表中将圆角的阈值修改，如图 3-62 所示。

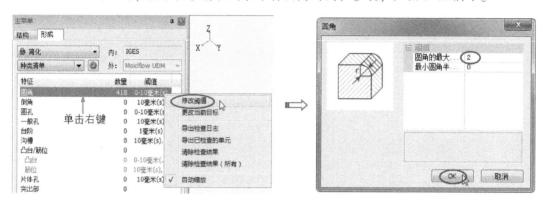

图 3-62 修改圆角的最大检查半径值

04 重新单击【主菜单】对话框的【形成】选项卡中的【检查所有圆角】按钮 ，检查 0~2 之间的圆角，如图 3-63 所示。

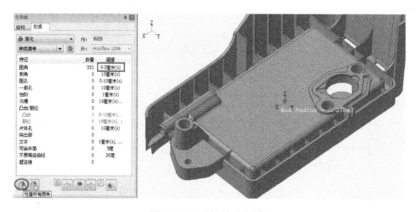

图 3-63 重新检查圆角

05 在【导航】面板的【编辑工具】选项卡中单击【移除所有（圆角）】按钮 ，移除 0~2 之间的所有圆角。

06 选中【倒角】特征，单击【检查所有倒角】按钮 ，检查所有倒角特征，如图 3-64 所示。由于倒角特征的阈值为 10，比较大，故不做删除处理。

技术要点：

拔模特征也算成倒角特征。

2. 检查/删除孔、洞

检查/删除孔、洞的具体操作步骤如下。

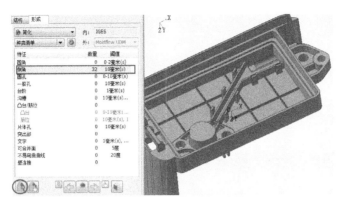

图 3-64　检查倒角

01 在特征列表中选中【圆孔】特征，然后单击【检查所有圆孔】按钮 进行检查，检查结果有 5 个圆孔，但都不是很细小的孔，也不用进行删除处理，如图 3-65 所示。

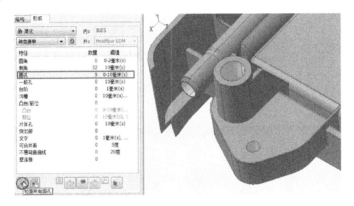

图 3-65　检查圆孔

02 在特征列表中选中【一般孔】特征，然后单击【检查所有一般孔】按钮 进行检查，检查结果有 2 个一般孔，经过仔细观察，发现 2 个一般孔属于内部细小结构，删除后并不影响模流分析。因此在【编辑工具】选项卡中单击【移除所有（一般孔）】按钮 将其删除，如图 3-66 所示。

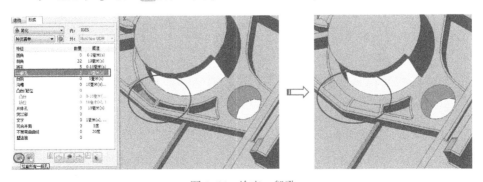

图 3-66　检查一般孔

3. 检查/删除台阶

检查/删除台阶的具体操作步骤如下。

01 在特征列表中选中【台阶】特征，然后单击【检查所有台阶】按钮 ![] 进行检查，检查结果有 7 个台阶，经过检查发现这些台阶特征较小，容易造成网格错误，因此需要全部删除，如图 3-67 所示。

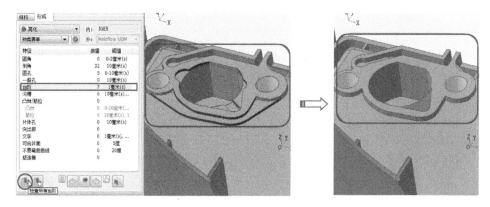

图 3-67　检查台阶

02 选中【沟槽】特征，然后单击【检查所有沟槽】按钮 ![] 进行检查，检查结果有 22 个沟槽，经过检查发现这些沟槽特征也是比较小的，可全部删除，如图 3-68 所示。

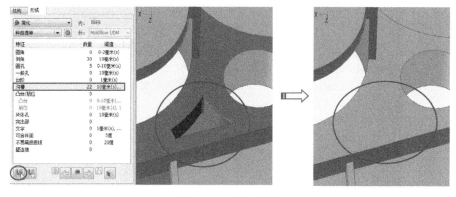

图 3-68　检查沟槽

4. 检查/删除凸台、加强筋、合并面及其他

检查/删除凸台、加强筋、合并面及其他的具体操作步骤如下。

01 在特征列表中选中【凸台/筋位】特征，然后单击【检查所有凸台/筋位】按钮 ![] 进行检查，检查结果有 35 个凸台和加强筋，经过检查发现这些凸台特征是主要特征，不能删除，加强筋特征厚度也有 10，也是不能删除的，如图 3-69 所示。

02 在特征列表中选中【可合并面】特征，然后单击【检查所有可合并面】按钮 ![] 进行检查，检查结果有 4 个可以合并的曲面，如图 3-70 所示。【可合并面】是指面积比较小的曲面，可以合并成一块大曲面，网格划分就比较合理了。因此这里需要合并面。在【导航】面板中单击【合并所有可合并面】按钮，合并多个曲面，结果如图 3-71 所示。

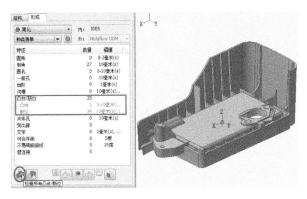

图 3-69 检查加强筋

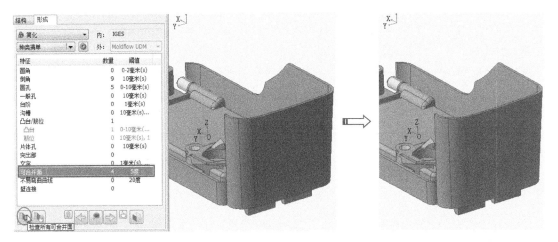

图 3-70 检查可合并的曲面　　　　　　　　　　图 3-71 合并曲面

03 其他如【片体孔】【文字】【突出部】【不易弯曲曲线】【壁连接】等特征，在本练习模型还没有，至此整个模型的简化操作就全部结束了。

04 将【简化】模式切换为【转换】模式，以 udm 格式文件导出。

第**4**章 注塑成型工艺与优化分析

本章导读

网格模型的初步分析是根据制件出现的实际缺陷而进行的分析。除了耗费大量的分析运行时间外，分析所得的数据也不是非常精准的。在本章将通过 Autodesk Moldflow 提供的多种工艺优化分析序列，为读者提供一些优良的模流分析方案。

网格模型成型分析的准确程度跟网格质量有关。在进行成型分析时，有两大要素可以决定制件缺陷的多少，一是工艺设置；二是浇口设置。工艺设置是重中之重，其中又包含了成型窗口的优化设置和工艺优化设置。

4.1　Autodesk Moldflow 注塑成型工艺

当网格模型划分好以后就可以选择合适的成型工艺进行模拟分析了。网格类型不同其所配置的成型工艺也会不同，而成型工艺不同，其配置的分析序列也会随之而更新。

4.1.1　成型工艺类型

在导入分析模型时所选择的网格类型为【中性面】时，在【主页】选项卡的【成型工艺设置】面板的成型工艺类型列表中列出了所有适用于【中性面】网格的成型工艺类型，如图 4-1 所示。

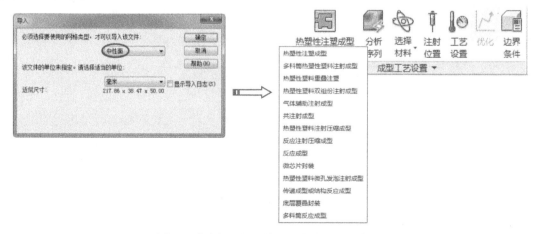

图 4-1　【中性面】网格适用的成型工艺类型

当网格类型为【双层面】时，在【主页】选项卡的【成型工艺设置】面板的成型工艺类型列表中列出了所有适用于【双层面】网格的成型工艺类型，如图 4-2 所示。

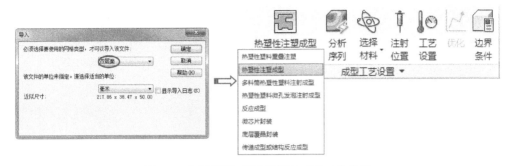

图 4-2 【双层面】网格适用的成型工艺类型

当网格类型为【实体（3D）】时，在【主页】选项卡的【成型工艺设置】面板的成型工艺类型列表中列出了所有适用于【实体（3D）】网格的成型工艺类型，如图 4-3 所示。

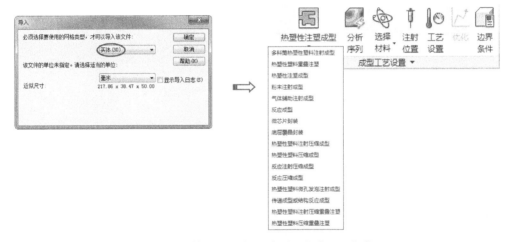

图 4-3 【实体（3D）】网格适用的成型工艺类型

从以上 3 种网格所匹配的注塑成型工艺中可以看出，【双层面】网格的注塑成型工艺类型最少。有鉴于此，在确定注塑成型工艺之后，一定要划分正确的网格类型才能保证分析的顺利完成。

4.1.2 分析序列

分析序列是指设计师确定某种成型工艺之后所要进行的分析序列。分析序列取决于网格类型与成型工艺类型。

以【热塑性注塑成型】工艺类型为例，单击【分析序列】按钮，或者在方案任务视窗中利用鼠标右键单击【填充】任务，在弹出的快捷菜单中选择【设置分析序列】菜单命令，将会弹出【选择分析序列】对话框，如图 4-4 所示。

【选择分析序列】对话框中所列出的分析序列是常用的分析序列。如果用户还需要其他分析序列，可以单击【更多】按钮，在随后弹出的【定制常用分析序列】对话框中按需勾选新的分析序列，之后单击【确定】按钮完成定制，如图 4-5 所示。

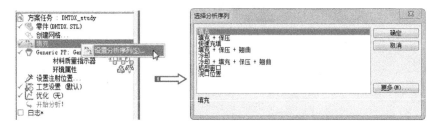

图 4-4 【选择分析序列】对话框

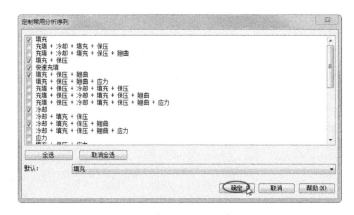

图 4-5 定制常用分析序列

4.2 关于材料选择及材料库

关于注塑成型材料种类、属性及相关工程应用的基础认识，在第一章中进行了完整介绍。此处仅介绍 Autodesk Moldflow 中的成型材料的选取以及如何自定义材料。

在 Autodesk Moldflow 2021 中，向用户提供了多达 8000 余种不同塑料。同一种材料的不同等级可以具有不同的属性，如果分析中选择的等级不正确，则会对结果的质量造成影响，尤其对于某些关键特性更是如此。

4.2.1 选择材料

Autodesk Moldflow 在进行模流分析时，要为网格模型指定材料。如果用户没有进行设置材料操作，系统会自动为网格模型对象指定一款默认材料。

在【主页】选项卡的【成型工艺设置】面板中单击【选择材料】按钮，或者在方案任务视窗中双击【默认材料】选项 通用 PP: 通用默认，将会弹出【选择材料】对话框，如图 4-6 所示。

1. 常用材料

【选择材料】对话框的【常用材料】列表框中列出了用户经常使用的材料。初次打开【选择材料】对话框时【常用材料】列表框中并没有任何材料选项。

技术要点：

　　勾选【选择材料】对话框下方的【选择后添加到常用材料列表】复选框后，每使用新材料做分析时会自动将材料添加到【常用材料】列表框中。如果不勾选，每使用新材料做分析时将不会将材料自动添加到【常用材料】列表框中。

2. 指定材料

　　如果用户对制造商及材料牌号非常熟悉，那么可以通过在【选择材料】对话框的【制造商】下拉列表和【牌号】下拉列表中选择材料制造商与材料牌号即可完成材料的指定。如果用户对制造商及材料牌号不熟悉，仅知道一些材料的缩写（如 ABS、PC、PP 等），这就需要在【选择材料】对话框中单击【搜索】按钮，随后在弹出的【搜索条件】对话框中以材料名称缩写的方式在【子字符串】文本框中搜索材料缩写字符串，如图 4-7 所示。

图 4-6　【选择材料】对话框

图 4-7　搜索材料缩写字符串

　　通过搜索，系统会将 Autodesk Moldflow 材料数据库中所有的 ABS 材料罗列出来，显示在弹出的【选择 热塑性材料】对话框中，如图 4-8 所示。

图 4-8　搜索的材料

很多模流分析用户发现 Autodesk Moldflow 材料数据库中并没有自己想要或者不是客户厂商指定的材料，那么可以通过在【选择材料】对话框中单击【导入】按钮，将材料厂商提供的材料文件（文件格式为 .21000.udb）导入到材料库中，如图 4-9 所示。

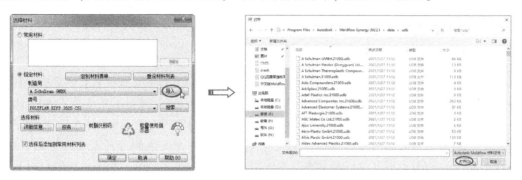

图 4-9　导入材料文件

4.2.2　材料数据库

有时国内材料厂商仅提供了一些材料的性能参数而没有制作符合 Autodesk Moldflow 要求的材料文件，那么模流分析师是不是就无法为分析对象解决材料问题呢？当然不是的，还可以通过自定义材料来解决此问题。

1. 搜索数据库

在功能区【工具】选项卡的【数据库】面板中的【搜索】工具与之前介绍的【选择材料】对话框的【搜索】按钮功能类似，除了可以搜索各种具备特定属性的材料外，还可以搜索【参数】【工艺条件】【几何/网格/BC】等数据库。单击【搜索】按钮，将会弹出【搜索数据库】对话框，如图 4-10 所示。

图 4-10　搜索数据库

2. 新建数据库

【新建数据库】工具可以创建用户自定义的材料、参数、工艺条件及几何、网格等。例如，用户自定义材料文件的具体操作步骤如下。

01 单击【新建】按钮，将会弹出【新建数据库】对话框。

02 在【新建数据库】对话框的【名称】栏单击浏览按钮，可以在弹出的【数据库名称】对话框中为新建的材料文件命名并设置保存路径，如图 4-11 所示。

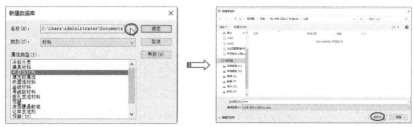

图 4-11　设置材料名称和保存路径

03 在【新建数据库】对话框的【属性类型】列表框中选择【热塑性材料】选项，然后单击【确定】按钮，将会弹出【属性】对话框，如图 4-12 所示。

图 4-12 【属性】对话框

04 在【属性】对话框中单击【新建】按钮，在弹出的【热塑性塑料】对话框中按厂商提供的材料参数来设置新材料，如图 4-13 所示。

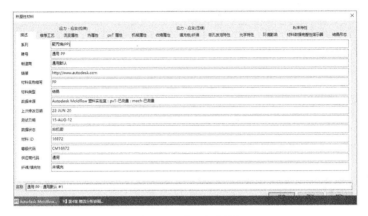

图 4-13 设置新材料

05 如果新材料与材料库中的某些材料参数接近，可在【属性】对话框中单击【数据库】按钮 **数据库 >>** ，对话框下方将会展开材料数据库。选择一款参考材料，再单击【复制】按钮，作为新材料的蓝本进行编辑，如图 4-14 所示。

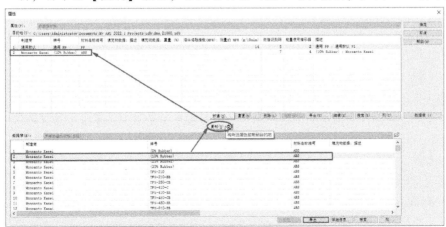

图 4-14 从材料库中选择参考材料

06 定义新材料后，单击【确定】按钮完成材料的创建。

4.3 工艺设置中的参数解释

工艺设置参数包括了整个注塑周期内有关模具、注塑机等所有相关设备及其冷却、保压和开合模等工艺的参数。因此，过程参数的设置实际上是将现实的制造工艺和生产设备抽象化的过程。工艺设置参数的设置将直接影响产品注塑成型的分析结果。【工艺设置向导】对话框如图 4-15 所示。

图 4-15 【工艺设置向导】对话框

4.3.1 模具表面温度和熔体温度参数

影响熔体温度和模具温度包括如下一些因素。
- 射出量：大射出量需要较高的模具温度。
- 射出速率：高射出速度会造成致稀性的高温。
- 流道尺寸：长的流道需要较高温度。
- 塑件壁厚：粗厚件需要较长冷却时间，通常使用较低模温。

1. 模具表面温度

模具表面温度是指在注塑过程中与制品接触的模腔表面温度。因为它直接影响制品在模腔中的冷却速度，从而对制品的内在性能和外观质量都有很大的影响。

（1）模温对产品外观的影响

较高的温度可以改善树脂的流动性，从而通常会使制件表面平滑、有光泽，特别是提高玻纤增强型树脂制件的表面美感。同时还改善融合线的强度和外表。

（2）对制品内应力的影响

成型内应力的形成基本上是由于冷却时不同的热收缩率造成，当制品成型后，它的冷却是由表面逐渐向内部延伸，表面首先收缩硬化，然后渐至内部，在这过程中由于收缩快慢之差而产生内应力。

模温是控制内应力最基本的条件，稍许改变模温，对它的残余内应力将有很大改变。一般来说，每一种产品和树脂的可接受内应力都有其最低的模温限度。而成型薄壁或较长流动距离时，其模温应比一般成型时的最低限度要高些。

（3）改善产品翘曲

如果模具的冷却系统设计不合理或模具温度控制不当，塑件冷却不足，都会引起塑件翘曲变形。对于模具温度的控制，应根据制品的结构特征来确定凸模（动模）与凹模（定模）、模芯与模壁、模壁与嵌件间的温差，从而利用控制模塑各部位冷却收缩速度的不同，塑件脱模后更趋于向温度较高的一侧牵引方向弯曲的特点，来抵消取向收缩差，避免塑件按取向规律翘曲变形。对于形体结构完全对称的塑件，模温应相应保持一致，使塑件各部位的冷却均衡。

（4）影响制品的成型收缩率

低的模温使分子【冻结取向】加快，使得模腔内熔体的冻结层厚度增加，同时模温低阻碍结晶的生长，从而降低制品的成型收缩率。

2. 熔体温度

熔体温度应与塑料种类、注塑机特性和射出量等参数相互配合。

最初设置的熔体温度应参考塑料供货商的推荐数据。通常选择高于软化温度、低于塑料之熔点作为熔体温度，以免因过热而裂解。以 Nylon（尼龙）为例，在射出区的温度通常比料筒的温度高，此增加的热量可以降低熔融体射出压力而不至于使熔融体过热。因为 Nylon 熔融体的黏滞性相当低，可以很容易地填充模穴而不必倚赖提升温度造成的致稀性。

📖 **技术要点：**

关于模具温度和熔体温度的选择，可以参考如表 4-1 所示的【常用塑胶材料的建议熔体温度与模具温度】进行设置。当然，在 Autodesk Moldflow 中，每选择一种塑性材料，都会有一个模具表面温度和熔体温度的参考值，做初次分析时都会采用这个默认值。

表 4-1　常用塑胶材料的建议熔体温度与模具温度

材料名称	流动性质			熔体温度（℃/℉）			模具温度（℃/℉）			顶出温度（℃/℉）
	MFR g/10min	测试负荷 kg	测试温度 ℃	最小值	建议值	最大值	最小值	建议值	最大值	建议值
ABS	35	10	220	200/392	230/446	280/536	25/77	50/122	80/176	88/190
PA 12	95	5	275	230/446	255/491	300/572	30/86	80/176	110/230	135/275
PA 6	110	5	275	230/446	255/491	300/572	70/158	85/185	110/230	133/271
PA 66	100	5	275	260/500	280/536	320/608	70/158	80/176	110/230	158/316
PBT	35	2.16	250	220/428	250/482	280/536	15/60	60/140	80/176	125/257
PC	20	1.2	300	260/500	305/581	340/644	70/158	95/203	120/248	127/261
PC/ABS	12	5	240	230/446	265/509	300/572	50/122	75/167	100/212	117/243
PC/PBT	46	5	275	250/482	265/509	280/536	40/104	60/140	85/185	125/257
PE-HD	15	2.16	190	180/356	220/428	280/536	20/68	40/104	95/203	100/212
PE-LD	10	2.16	190	180/356	220/428	280/536	20/68	40/104	70/158	80/176
PEI	15	5.00	340	340/644	400/752	440/824	70/158	140/284	175/347	191/376
PET	27	5	290	265/509	270/518	290/554	80/176	100/212	120/248	150/302
PETG	23	5	260	220/428	255/491	290/554	10/50	15/60	30/86	59/137
PMMA	10	3.8	230	240/464	250/482	280/536	35/90	60/140	80/176	85/185
POM	20	2.16	190	180/356	225/437	235/455	50/122	70/158	105/221	118/244
PP	20	2.16	230	200/392	230/446	280/536	20/68	50/122	80/176	93/199
PPE/PPO	40	10	265	240/464	280/536	320/608	60/140	80/176	110/230	128/262
PS	15	5	200	180/356	230/446	280/536	20/68	50/122	70/158	80/176
PVC	50	10	200	160/320	190/374	220/428	20/68	40/104	70/158	75/167
SAN	30	10	220	200/392	230/446	270/518	40/104	60/140	80/176	85/185

4.3.2 填充控制参数

填充控制的方式如图 4-16 所示。

1. 自动

通过系统可以自动计算模具型腔的尺寸，以及根据所选的注塑机参数来控制填充的时间或速度，直至进行速度/压力切换。一般在不确定填充方式时，可以采用这种方式获得初步的分析数据。

2. 注射时间

注射时间是将熔融体填充进模穴所需的时间，受到射出速度控制。虽然最佳的填充速度取决于塑件的几何形状、浇口尺寸和熔体温度，但大多数情况下会将熔融体尽速射入型腔。因为模具温度通常低于塑胶的凝固点，所以太长的射出时间会提高导致塑料太早凝固的可能性。

3. 流动速率

指定熔融体被注入模具型腔时的流动速率。流动速率其实就是熔融体射出速度，也是熔融体射出过程中螺杆的前进速度。

4. 螺杆速度曲线

通过指定两个变量来控制螺杆速度曲线。【相对螺杆速度曲线】是用户还没有选择注塑机时的一种方式。如果已经知道了厂家提供的注塑机参数（如螺杆直径和最大注射速率），那么就使用【绝对螺杆速度曲线】方式。【原有螺杆速度曲线（旧版本）】是用户直接使用 Autodesk Moldflow 做过的螺杆速度曲线设置，不用再次设置螺杆速度曲线。图 4-17 所示为螺杆在各阶段的位置。

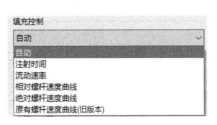

图 4-16　填充控制方式

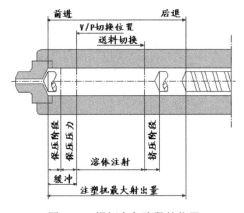

图 4-17　螺杆在各阶段的位置

> **技术要点：**
>
> 对于大多数的工程塑料，应该在制件设计的技术条件和制程允许的经济条件下，设置为最快的射出速度。然而，在射出的起始阶段，仍应采用较低的射速以避免喷射流或扰流。接近射出完成时，也应该降低射速以避免造成塑件溢料，同时可以帮助形成均质的缝合线。因此，可以通过编辑螺杆速度曲线达到理想的填充控制。

（1）相对螺杆速度曲线

相对曲线将螺杆速度作为总注射大小（或行程）的函数，这些由零件几何、流道系统和浇口决定。相对曲线通常在还没选择实际注塑机时使用。相对螺杆速度曲线又包括以下两种曲线。

- 流动速率与%射出体积：100%射出体积对应于零件完全填充的时刻，0%射出体积表示注射尚未开始。
- %螺杆速度与%行程：100%行程表示塑化后准备开始注射时螺杆的位置，0%行程表示注射结束时螺杆的位置。

技术要点：

如果输入的最大百分比行程值小于100或最小百分比行程值大于0，则曲线将通过最接近数据输入的百分比螺杆速度值得到延伸。例如，表4-2所示中的曲线将延伸变为表4-3所示中的曲线。

表4-2 原始曲线	
%行程	%螺杆速度
80	75
60	100
40	50
20	10

表4-3 曲线延伸	
%行程	%螺杆速度
100	75
80	75
60	100
40	50
20	10
0	10

在【工艺设置向导】对话框中单击【编辑曲线】按钮，在弹出的【填充控制曲线设置】对话框中编辑控制曲线，如图4-18所示。【填充控制曲线设置】对话框中的相关参数说明如下。

- %流动速率与%射出体积：以螺杆位置（射出体积）的函数形式控制螺杆速度（流动速率）。
- 参考：用于为指定的螺杆速度曲线设置参考点。
- 射出体积：指定注塑机的射出体积，包括【自动】和【指定】方式。当【射出体积】设置为【指定】后，单击【编辑设置】按钮将弹出【射出体积设置】对话框，如图4-19所示。

图4-18 【填充控制曲线设置】对话框

图4-19 【射出体积设置】对话框

【射出体积设置】对话框中的相关参数说明如下。

- 注塑机螺杆直径：指定成型机上注射成型螺杆的尺寸。
- 启动螺杆位置：输入周期的填充阶段注塑机螺杆将要移动的行程长度或距离。

（2）绝对螺杆速度曲线

当注塑机的关键参数已知时，可使用绝对曲线。通过运行带有绝对螺杆速度曲线的分析，可以将模拟结果和使用注塑机获得的实际结果相比较。绝对螺杆速度曲线包括以下几种曲线。

- 螺杆速度与螺杆位置。
- 流动速率与螺杆位置。
- %最大螺杆速度与螺杆位置。
- 螺杆速度与时间。
- 流动速率与时间。
- %最大螺杆速度与时间。

4.3.3 速度/压力切换参数

【速度/压力切换】表达了当机器将螺杆位移控制从速度控制（在填充阶段使用）切换为压力控制（在保压阶段使用）时，螺杆所处的位置。剩余的填充将在从填充切换到保压/保持时所达到的恒压下或者在指定的保压/保持压力下进行。

通过考虑切换过早或过晚可能导致的两种后果，可以很好地说明切换点的重要性。

切换过晚可能导致如下问题。

- 由于填充末端积聚的型腔压力过大而产生开模和飞边。
- 由于塑料猛击零件的端壁而产生烧焦。
- 由于螺杆底端伸出而损坏注塑机和/或模具。

切换过早可能导致如下问题。

- 由于螺杆位移不足而产生短射。
- 周期时间较长。

 技术要点：

> 如果发生切换的时间比预期的早，则应查看是否存在短射，或者检查在设置速度/压力切换点时是否考虑了材料的可压缩性。

【速度/压力切换】包含以下几种切换方式。

- 自动：如果希望流动模拟可以自动预计从速度控制切换为压力控制的可接受时间，请选择该选项。切换要尽早执行，以避免在填充结束时出现压力峰值。选择切换点，使得螺杆突然停止时，流道、浇口和型腔内有足够的熔体松退来填充型腔。这可以想成这样一种场景：注射流动突然停止，但聚合物继续在型腔中流动，期间不会出现短射，直到各个位置的压力均达到零。
- 由%填充体积：指定在型腔的填充体积达到某一特定百分比时从填充切换到保压。默认情况下，此百分比为99%。

技术要点：

仅对于【注射压缩成型】分析，【由%填充体积】选项指定的是零件设计重量的百分比（而非其他分析中所指的型腔体积）。零件设计重量可定义为室温和大气压下的密度乘以设计厚度下的型腔体积。之所以不使用型腔体积是因为总体积（包括由压力机打开距离产生的额外空间）将随着压缩压力机的移动每隔一段时间更新一次。也就是说，只要压力机移动，总体积便会不断变化，从而将与原始总体积存在差异。此外，【由%填充体积】选项仅可控制注射单元，而不会控制压缩单元。

- 由注射压力：指定在注塑机达到指定的注射压力时从填充切换到保压。
- 由液压压力：指定在注塑机达到指定的液压时从填充切换到保压。
- 由锁模力：指定在锁模力达到指定的限制时进行切换。
- 由压力控制点：指定当网格上某指定的位置处达到指定的压力时从填充切换到保压。
- 由注射时间：指定在周期开始后的某一指定的时间从填充切换到保压。
- 由任一条件满足时：如果要指定以上所列的其中一个或多个切换条件，请选择该选项。在这种情况下，只要满足其中一个设置的条件，就会发生速度/压力切换。

4.3.4 保压控制参数

【保压控制】是指定控制成型工艺加压阶段的方法，包含以下几种方法。
- %填充压力与时间：以填充压力与时间的百分比函数形式控制成型周期的保压阶段。
- 保压压力与时间：以注射压力与时间的函数形式控制成型周期的保压阶段。

 技术要点：

理想的保压时间设置在浇口凝固时间或塑件凝固时间。第一次的执行模拟时，可以将保压时间设置为 Autodesk Moldflow 预估的填充时间的 10 倍。Autodesk Moldflow 也可以估算浇口凝固时间，选择浇口凝固时间与塑件凝固时间之较短者为保压时间，作为最初设计的参考值。

- 液压压力与时间：以液压压力与时间的函数形式控制成型周期的保压阶段。
- %最大注塑机压力与时间：以最大压力与时间的百分比函数形式控制成型周期的保压阶段。

4.3.5 注射+保压+冷却时间和开模时间参数

冷却时间和开模时间参数仅当在用户选择【冷却】分析序列或者选择包含【冷却】的复合分析序列时才会出现，用于设置制品在模具型腔中的冷却时间和模具开模时间，如图 4-20 所示。

1. 开模时间

开模时间就是注塑机完成溶体充填并经过冷却、保压后，模具型腔脱离型芯以及制件取出模具的时间，也就是从一个成型周期的结束到另一个成型周期的开始所需的时间。

2. 注射+保压+冷却时间

溶体充填结束后需要进行保压和模具冷却处理，这段时间称为【注射+保压+冷却时间】。也是一个成型周期减去开模时间后的时间。注射+保压+冷却时间参数包括【自动】和

【指定】两个选项。

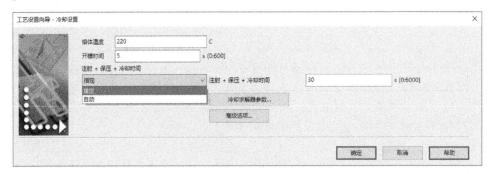

图 4-20 开模时间和注射+保压+冷却时间参数

- 自动：通过编辑目标顶出条件来设置冷却时间。
- 指定：通过手动输入【注射+保压+冷却】时间来控制充填、保压和冷却。

选择【自动】选项后，单击【编辑顶出条件】按钮（该按钮只有在选择【自动】选项时才出现，默认为隐藏），在弹出的【目标零件顶出条件】对话框中可通过自动计算所需冷却时间，指定用于冷却分析的零件顶出条件，如图 4-21 所示。

图 4-21 【目标零件顶出条件】对话框

 技术要点：

表 4-2 所示为常用塑料注射工艺参数设置。

4.3.6 其他选项与参数

在【工艺设置向导】对话框中除了上面介绍的内容外，还包括如下一些选项与参数。

1. 高级选项

在【工艺设置向导】对话框中单击【高级选项】按钮，将会弹出高级选项的设置对话框（弹出对话框的名称和用户选择的分析序列所对应），如图 4-22 所示。该对话框可以选择并编辑成型材料、工艺控制器、注塑机、模具材料和求解器参数等。

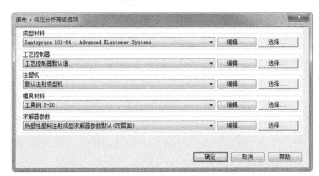

图 4-22 高级选项的参数设置对话框

表 4-2　常用塑料注射工艺参数

方案任务 ＼ 塑料	LFPE	HDPE	乙丙共聚 PP	PP	玻纤增强 PP	软 PVC	硬 PVC	PS	HIPS	ABS	高抗冲 ABS	耐热 ABS	ACS
注射机类型	柱塞式	螺杆式	柱塞式	螺杆式	螺杆式	柱塞式	螺杆式	柱塞式	螺杆式	螺杆式	螺杆式	螺杆式	螺杆式
螺杆转速/(r·min⁻¹)	—	30~60	—	30~60	30~60	—	20~30	—	30~60	30~60	30~60	30~60	20~30
喷嘴形式	直通式	直通式	直通式	直通式	直通式	直通式	直通式	直通式	直通式	直通式	直通式	直通式	直通式
喷嘴温度/℃	150~170	150~180	170~190	170~190	180~190	140~150	150~170	160~170	160~170	180~190	190~200	190~200	160~170
料料筒温度/℃前段	170~200	180~190	180~200	180~220	190~200	160~190	170~190	170~190	170~190	200~210	200~210	200~220	170~180
料筒温度中段	—	180~200	190~220	200~220	210~220	—	165~180	—	170~190	210~230	210~230	220~240	180~190
料筒温度后段	140~160	140~160	150~170	160~170	160~170	140~150	160~170	140~160	140~160	180~200	180~200	190~220	160~170
模具温度/℃	30~45	30~60	50~70	40~80	70~90	30~40	30~60	20~60	20~50	50~70	50~80	60~85	50~60
注射压力/MPa	60~100	70~100	70~100	70~120	90~130	40~80	80~130	60~100	60~100	70~90	70~120	85~120	80~120
保压压力/MPa	40~50	40~50	40~50	50~60	40~50	20~30	40~60	30~40	30~40	50~70	50~70	50~80	40~50
注射时间/S	0~5	0~5	0~5	0~5	2~5	0~8	2~5	0~3	0~3	3~5	3~5	3~5	0~5
保压时间/S	15~60	15~60	15~60	20~60	15~40	15~40	15~40	15~40	15~40	15~30	15~30	15~30	15~30
冷却时间/S	15~60	15~60	15~50	15~50	15~40	15~30	15~40	15~30	10~40	15~30	15~30	15~30	15~30
成型周期/S	40~140	40~140	40~120	40~120	40~100	40~80	40~90	40~90	40~90	40~70	40~70	40~70	40~70

方案任务 ＼ 塑料	玻纤增强 PA-66	PA610	PA312	PA1010	玻纤增强 PA1010	透明 PA	PC	PC/PE	玻纤增强 PC
注射机类型	螺杆式	螺杆式	螺杆式	柱塞式	螺杆式	螺杆式	螺杆式	柱塞式	螺杆式
螺杆转速/(r·min⁻¹)	20~40	20~50	20~50	20~50	20~40	20~50	20~40	20~40	20~30
喷嘴形式	直通式	自锁式	自锁式	自锁式	直通式	直通式	直通式	直通式	直通式
喷嘴温度/℃	250~260	200~210	200~210	190~200	180~190	220~240	230~250	230~240	240~260

（续）

塑料 / 方案任务	玻纤增强 PA—66	PA610	PA312	PA1010		玻纤增强 PA1010		透明 PA	PC		PC/PE		玻纤增强 PC
料筒温度/℃ 前段	260~270	220~230	210~220	200~210	230~250	210~230	240~260	240~250	240~280	270~300	230~250	250~280	260~290
料筒温度中段	260~290	230~250	210~230	220~240	—	230~260	—	250~270	260~290	—	240~260	—	270~310
料筒温度后段	230~260	200~210	200~205	190~200	180~200	190~200	190~200	220~240	240~270	260~290	230~240	240~260	260~280
模具温度/℃	100~120	60~90	40~70	40~80	40~80	40~80	40~80	40~60	90~110	90~110	80~100	80~100	90~110
注射压力/MPa	80~130	70~110	70~120	70~100	70~120	90~130	100~130	80~130	80~130	110~140	80~120	80~130	100~140
保压压力/MPa	40~50	20~40	30~50	20~40	30~40	40~50	40~50	40~50	40~50	40~50	40~50	40~50	40~50
注射时间/S	3~5	0~5	0~5	05	0~5	2~5	2~5	0~5	0~5	0~5	0~5	0~5	2~5
保压时间/S	20~50	20~50	20~50	20~50	20~50	20~40	20~40	20~60	20~80	20~80	20~80	20~80	20~60
冷却时间/S	20~40	20~40	20~50	20~40	20~50	20~40	20~40	20~40	20~50	20~50	20~50	20~50	20~50
成型周期/S	50~100	50~100	50~110	50~100	50~100	50~90	50~90	50~110	50~130	50~130	50~140	50~140	50~110

塑料 / 方案任务	聚芳砜	聚醚砜	PPO	改性 PPO	聚芳酯	聚氨酯	聚醚砜	聚醚亚胺	聚酰纤维素	醋酸丁酸纤维素	醋酸丙酸纤维素	PSU	改性 PSU
注射机类型	螺杆式	螺杆式	螺杆式	螺杆式	螺杆式	螺杆式	螺杆式	螺杆式	柱塞式	柱塞式	柱塞式	螺杆式	螺杆式
螺杆转速/(r·min^{-1})	20~30	20~30	20~30	20~50	20~50	20~70	20~30	20~30	—	—	—	20~30	20~30
喷嘴形式	直通式	直通式	直通式	直通式	直通式	直通式	直通式	直通式	直通式	直通式	直通式	直通式	直通式
喷嘴温度/℃	380~410	240~270	250~280	220~240	230~250	170~180	280~300	290~300	150~180	150~170	160~180	280~290	250~260
料筒温度前段/℃	385~420	260~290	260~280	230~250	240~260	175~185	300~310	290~310	170~200	170~200	180~210	290~310	260~280
料筒温度中段	345~385	280~310	260~290	240~270	250~280	180~200	320~340	300~330	—	—	—	300~330	280~300
料筒温度后段	320~370	260~290	2302~40	230~240	230~240	150~170	260~280	280~300	150~170	150~170	150~170	280~300	260~270
模具温度/℃	230~260	90~120	110~150	60~80	100~130	20~40	120~150	120~150	40~70	40~70	40~70	130~150	80~100

（续）

方案任务＼塑料	聚芳砜	聚醚砜	PPO	改性PPO	聚芳酯	聚氨酯	聚酰硫醚	聚酰亚胺	聚酰纤维素	醋酸丁酸纤维素	醋酸丙酸纤维素	PSU	改性PSU
注射压力/MPa	100~200	100~140	100~140	70~110	100~130	80~100	80~130	100~150	60~130	80~130	80~120	100~140	100~140
保压压力/MPa	50~70	50~70	50~70	40~60	50~60	30~40	40~50	40~50	40~50	40~50	40~50	40~50	40~50
注射时间/S	0~5	0~5	0~5	0~8	2~8	2~6	0~5	0~5	0~3	0~5	0~5	0~5	0~5
保压时间/S	15~40	15~40	30~70	30~70	15~40	30~40	10~30	20~60	15~40	15~40	15~40	20~80	20~70
冷却时间/S	15~20	15~30	20~60	20~50	15~40	30~60	20~50	30~60	15~40	15~40	15~40	20~50	20~55
成型周期/S	40~50	40~80	60~140	60~130	40~90	70~110	40~90	60~130	40~90	40~90	40~90	50~140	50~130

方案任务＼塑料	SAN(AS)	PMMA	PMMA/PC	氧化聚醚	均聚POM	共聚POM	PET	PBT	玻纤增强PBT	PA-6	玻纤增强PA-6	PA-11	PA-12
注塑机类型	螺杆式	螺杆式	柱塞式	螺杆式	螺杆式	螺杆式	螺杆式	螺杆式	螺杆式	螺杆式	螺杆式	螺杆式	螺杆式
螺杆转速/(r·min⁻¹)	20~50	20~30	—	20~30	20~40	20~40	20~40	20~40	20~40	20~40	20~50	20~40	20~50
喷嘴形式	直通式	直通式	直通式	直通式	直通式	直通式	直通式	直通式	直通式	直通式	直通式	直通式	直通式
喷嘴温度/℃	180~190	180~200	180~200	220~240	170~180	170~180	170~180	250~260	200~220	210~230	200~210	200~210	180~190
料筒温度/℃ 前段	200~210	180~210	210~240	230~250	180~200	170~190	170~190	260~270	230~240	230~240	220~230	220~240	185~200
料筒温度/℃ 中段	210~230	190~210	—	240~260	180~200	170~190	180~200	260~280	230~250	140~260	230~240	230~250	190~220
料筒温度/℃ 后段	170~180	180~200	180~200	210~230	180~190	170~180	170~190	240~260	200~220	210~220	200~210	200~210	170~180
模具温度/℃	50~70	40~80	40~80	60~80	80~110	90~120	90~100	100~140	60~70	65~75	60~100	80~120	60~90
注射压力/MPa	80~120	50~120	80~130	80~130	80~110	80~130	80~120	80~120	60~90	80~100	80~110	90~130	90~120
保压压力/MPa	40~50	40~60	40~60	40~60	30~40	30~50	30~50	30~50	30~40	40~50	30~50	30~50	30~50
注射时间/S	0~5	0~5	0~5	0~5	0~5	2~5	2~5	0~5	0~3	2~5	0~4	2~5	0~4
保压时间/S	15~30	20~40	20~40	20~40	15~50	20~80	20~90	20~50	10~30	10~20	15~50	15~40	15~50
冷却时间/S	15~30	20~40	20~40	20~40	20~50	20~60	20~60	20~30	15~30	15~30	20~40	20~40	20~40
成型周期/S	40~70	50~90	50~90	50~90	40~110	50~150	50~160	50~90	30~70	30~60	40~100	40~90	40~100

　　一般来说，在实际工作中，通常会根据厂家提供的塑胶材料、模具材料、注塑机品牌等参数信息，通过高级选项设置对话框进行设置，从而完全模拟与真实的注塑成型过程。

　　2. 纤维取向分析

　　如果材料中包含纤维，则勾选【纤维取向分析】复选框（如果有纤维材料）。

　　3. 结晶分析

　　当材料为半结晶材料且材料数据包括结晶形态参数时，则勾选【结晶分析】复选框（需要材料数据）。

4.4　注射位置

　　在 Autodesk Moldflow 中指定注射位置其实就是指定浇口位置，也是熔融塑料注入模具型腔中的位置。浇口位置的不同影响着塑胶件的质量，特别是对熔接线这种常见的制件缺陷产生显著影响，因此，为了减少浇口对制件缺陷的影响，浇口位置的设置是相当重要的步骤。尽量通过 Autodesk Moldflow 最佳浇口位置分析，找到合理的浇口注射位置。

　　图 4-23 所示的制件需要 3 个浇口去填充。这 3 个被虚拟分割的截面表示出能够同时填充满。其中箭头表明熔体的流动路径，小圆锥表示浇口。

　　因此，当填充那些被虚拟分割的截面的时候，要尽量避免熔接痕的产生。

图 4-23　多浇口的注射位置

> **技术要点：**
>
> 　　一般情况下，在进行最佳浇口位置分析时，往往设置一个或多个注射位置就可以了，但在进行填充、冷却、保压或其他分析序列时，若仅设置注射位置进行流动模拟分析，却不能真实模拟实际生产时的注塑成型过程，这就需要设计出浇注系统（包括主流道、分流道和浇口）和冷却系统，以便保证流动模拟分析的精确性和实际应用效果。图 4-24 所示为当设计分流道及浇口后在相同时间下完成各处注射位置的溶体填充。

图 4-24　设计流道后的均衡填充

　　在功能区【主页】选项卡的【成型工艺设置】面板中单击【注射位置】按钮 ⬍，光标 ↖ 变成 ⬍，然后在模型视窗中将注射锥（表示注射位置的黄色锥状体）放置在网格模型中，如图 4-25 所示。

　　如果确定注射锥放错位置了，可以选中注射锥并按键盘 Delete 键删除，重新放置新注射锥即可。

> **技术要点：**
>
> 　　任何浇口尺寸都与注射锥无关，它只表示分析在数学上的起点。应对浇口进行建模以确保结果准确。

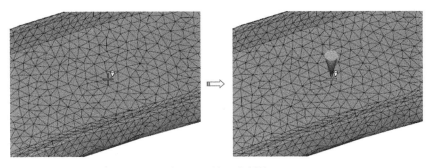

图 4-25　放置注射锥

4.5　最佳浇口位置分析

浇口位置分析是在没有设置注射位置的情况下而进行的最佳注射位置分析，目的是向分析模型推荐理论上的合理注射位置。

浇口位置分析适用于每一个分析序列及成型工艺类型，可以作为完整的【填充+保压】分析序列的初步分析结果。

运行浇口位置分析时可在两种算法间选择，【高级浇口定位器】算法和【浇口区域定位器】算法。下面以案例形式介绍这两种算法的分析结果对比。

4.5.1　【高级浇口定位器】算法

高级浇口定位器算法基于流阻最小化来确定最佳注射位置。该算法生成流阻指示器结果和可选的浇口匹配性结果。流阻指示器结果显示了来自浇口的流动前沿所受的阻力。浇口匹配性结果可评定模型上各位置作为注射位置的匹配性。高级浇口定位器算法可以设置多个浇口。

扫码看视频

上机操作　以【高级浇口定位器】算法分析最佳浇口位置

以【高级浇口定位器】算法分析最佳浇口位置的具体操作步骤如下。

01 启动 Autodesk Moldflow，在工程视窗中双击【新建工程】命令，创建如图 4-26 所示的新工程。

图 4-26　创建新工程

02 在【主页】选项卡的【导入】面板中单击【导入】按钮，从本例素材文件夹中导入【显示器前壳 .prt】文件，在弹出的【导入】对话框中设置网格类型为

【双层面】，单击【确定】按钮完成模型导入，如图 4-27 所示。

图 4-27　导入模型

03 在功能区的【网格】选项卡中单击【生成网格】按钮，接着在工程面板的【工具】选项卡中设置网格的全局边长值为 2mm，再单击【网格】按钮，为导入的模型划分网格，如图 4-28 所示。

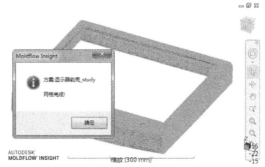

图 4-28　划分网格

04 在【主页】选项卡的【成型工艺设置】面板中单击【分析序列】按钮，在弹出的【选择分析序列】对话框中选择【浇口位置】序列，单击【确定】按钮完成分析序列的选择，如图 4-29 所示。

05 在【主页】选项卡的【成型工艺设置】面板中单击【工艺设置】按钮，在弹出的【工艺设置向导–浇口位置设置】对话框的【浇口定位器算法】下拉列表中选择【高级浇口定位器】选项，并设置浇口数量为 4，单击【确定】按钮完成浇口定位器的选择，如图 4-30 所示。

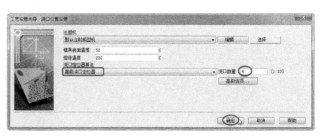

图 4-29　选择分析序列　　　　　　图 4-30　选择浇口定位器

技术要点：

利用【高级浇口定位器】算法，可以设置最多不超过 10 个浇口位置。

06 分析模型的材料保持默认选择，在【主页】选项卡的【分析】面板中单击【开始分析】按钮，或者在方案任务视窗中双击【开始分析】任务，系统执行浇口位置分析任务。经过一定时间的分析过程后，将结果显示在方案任务视窗中，同时在工程视窗中会自动添加一个方案，如图 4-31 所示。

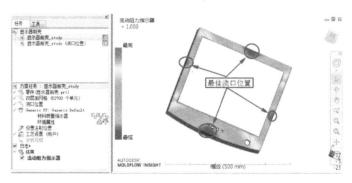

图 4-31　执行分析得到分析结果

07 从图 4-31 可以看出，预设的 4 个浇口位置较为理想的分布在模型的 4 个边框位置。色谱上的红色表示流动阻力最大，意味红色区域为最后填充区域，反之蓝色区域为流动阻力最低区域，此区域应该为浇口最佳注射位置（读者可扫码观看本案例配套教学视频区分相关颜色）。

08 在工程视窗中自动生成了命名为【显示器前壳_study（浇口位置）】的方案。这个方案是经过浇口位置分析后系统根据分析结果自动设置注射锥的方案。双击这个方案，可以看见在 4 个浇口位置的核心节点上已经添加了注射锥，如图 4-32 所示。

图 4-32　自动添加的 4 个注射锥

09 若要进行其他分析的话，直接在 4 个浇口位置设置注射锥并创建流道系统。但这个分析结果仅仅是个参考方案，实际上还要结合流道系统及其他分析序列进行修改。

4.5.2 【浇口区域定位器】算法

浇口区域定位器算法基于零件几何、流阻、厚度及成型可行性等条件来确定和推荐合适的注射位置。浇口区域定位器算法可生成浇口位置分析结果。

扫码看视频

🖉 上机操作 以【浇口区域定位器】算法分析最佳浇口位置

以【浇口区域定位器】算法分析最佳浇口位置的具体操作步骤如下。

01 利用前一分析案例进行操作。在工程视窗中双击【显示器前壳_study】方案。进入该方案任务中。

02 在【成型工艺设置】面板中单击【工艺设置】按钮，在弹出的【工艺设置向导－浇口位置设置】对话框的【浇口定位器算法】下拉列表中选择【浇口区域定位器】选项，单击【确定】按钮完成浇口定位器的选择，如图 4-33 所示。

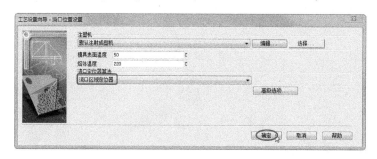

图 4-33 选择浇口定位器

03 在弹出的信息提示对话框中单击【创建副本】按钮，创建新的工程方案。在新方案中重新执行浇口位置分析，如图 4-34 所示。

图 4-34 创建方案副本并重新执行浇口位置分析

04 系统经过一定时间分析后，将结果显示在方案任务视窗中，如图 4-35 所示。

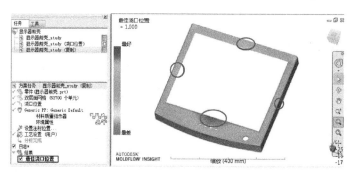

图 4-35 执行分析得到分析结果

05 从图 4-35 中可以看出，分析模型边框 4 个以圆圈标识的位置表示为最好的浇口位置。这说明激活是采用了【浇口区域定位器】算法，系统也会分析出比较合理的注射位置。

4.6 成型窗口分析

成型窗口分析的结果可以帮助模流分析师得到一组合理的工艺设置参数：注射时间、模温和料温（熔体温度）。以此作为填充+保压分析的前期准备工作。

> 要进行成型窗口分析，需要执行下列操作：成型工艺；在分析前检查网格；分析序列；选择材料；注射位置；工艺设置。由于继承了连接器流道平衡分析的结果，也就是仅对分析序列重新选择即可，其他操作不用重做。

扫码看视频

（上机操作）成型窗口分析全流程解析

成型窗口分析的具体操作流程如下。

1. 成型窗口分析操作

成型窗口分析的具体操作步骤如下。

01 打开本例素材源文件【\ Ch04 \ 连接器 \ 连接器 . mpi】，打开的方案任务在工程视窗中可见，如图 4-36 所示。

02 复制【组合型腔_study（工艺优化）】方案任务，然后将其重命名为【组合型腔_study（成型窗口）】，如图 4-37 所示。

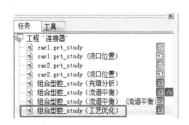

图 4-36　打开的方案任务工程

图 4-37　复制方案任务

03 双击复制的方案任务【组合型腔_study（成型窗口）】进入到该方案任务的分析环境中。

04 在【主页】选项卡的【成型工艺设置】面板中单击【分析序列】按钮，将会弹出【选择分析序列】对话框。

05 在【选择分析序列】对话框中单击【更多】按钮，在弹出的【定制常用分析序列】对话框中勾选【成型窗口】【工艺优化（填充+保压）】复选框（序列），单击【确定】按钮完成定制，如图 4-38 所示。

06 在【选择分析序列】对话框中选择【成型窗口】序列，再单击【确定】按钮完成分析序列的选择，如图 4-39 所示。

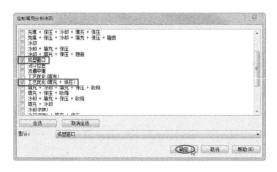

图 4-38　定制常用序列　　　　　　　　　　　图 4-39　选择分析序列

07 在任务视窗中双击【开始分析】方案任务，运行成型窗口分析。

2. 成型窗口分析结果

经过一定时间的分析后得出如图 4-40 所示的成型窗口优化分析的结果，可以对这个分析结果再进行一些调节和设置，具体操作步骤如下。

01 勾选【质量（成型窗口）：XY 图】复选框，将会显示分析云图，如图 4-41 所示。以前面填充分析的时间（0.2474s）和熔体温度（290℃）为准，当注射时间为 0.1966~0.1968 时，最佳的模具温度为 94℃~99℃。从分析日志中可以得到系统向设计师推荐的模具温度、溶体温度和注射时间的最佳值。

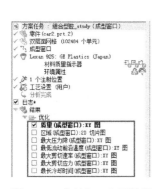

图 4-40　成型窗口分析结果

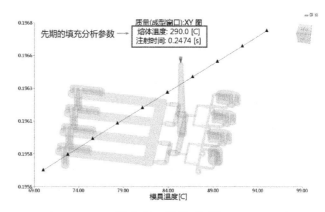

图 4-41　质量 XY 图

02 勾选【区域（成型窗口）：2D 切片图】复选框，将会显示 2D 切片图，如图 4-42 所示。2D 切片图中，给出了可行的注射时间为 1.162s，熔体温度 310℃和模具温度 95℃。图中成型窗口区域内全部为黄色显示，表示某个局部区域并不能达到【首选】（绿色显示），但零件不会出现短射现象。填充零件所需的注射压力小于注塑机最大注射压力（读者可扫码观看本案例配套教学视频区分相关颜色）。

技术要点：

【可行】范围不是成型质量的最佳范围，而【首选】范围才是用户需要的注射时间推荐值范围。在云图中按下鼠标左键通过上下滑动可以改变注射时间值，查看最优的注射时间范围。2D 切片云图中，左边有一色谱条带，分绿色、黄色和红色。

1）绿色：零件不会出现短射。填充零件所需的注射压力小于注塑机最大注射压力的80%。流动前沿温度应高于注射（熔体）温度10℃以下。流动前沿温度低于注射（熔体）温度10℃以上。剪切应力小于材料数据库中为该材料所指定的最大值。剪切速率小于材料数据库中为该材料所指定的最大值。

2）黄色：零件不会出现短射。填充零件所需的注射压力小于注塑机最大注射压力。

3）红色：零件出现短射。所需的注射压力大于指定的注塑机注射压力。

03 勾选【最长冷却时间（成型窗口）：XY 图】复选框，将会显示最长冷却时间图，如图 4-43 所示。在模具温度为 95℃ 时，最长冷却时间（不超过）6s。

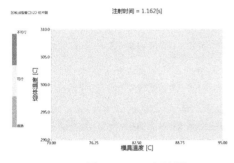

图 4-42 2D 切片图

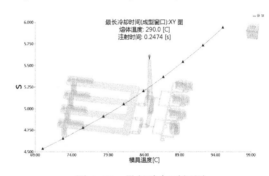

图 4-43 最长冷却时间图

<div style="border-bottom">

4.7 优化分析

　　Autodesk Moldflow 向用户提供了用于注塑机调机参数的方案优化工具，利用这些工具可以获得优化分析结果。优化分析包括参数化方案分析、ODE 实验设计分析和工艺优化分析。

4.7.1 参数化方案分析

　　参数化方案优化分析是通过对分析过程中的模温、料温及注射时间等3 个变量进行分析，可以获得相应的填充末端总体温度、锁模力、注射压力、壁剪切力、流动前沿温度及达到顶出温度的时间等优化值，将这些优化值进一步应用到新的方案中，会得到与优化前的不同结果。

扫码看视频

⑥上机操作 **参数化方案优化全流程解析**

　　参数化方案优化分析的相关流程如下。

1. 填充分析+参数化方案分析

下面以显示器前壳的分析模型为例，在填充分析序列中添加参数化方案分析，从而研究填充分析的 3 个变量对熔融料填充结果的影响，具体操作步骤如下。源文件方案任务已经完成网格划分、浇口位置分析等方案任务。

01 打开本例素材源文件【显示器前壳－工程方案任务\显示器前壳 . mpi】工程文件。

02 在工程视窗中双击【显示器前壳_study（浇口位置）】方案，进入到该方案的分析任务中。

03 目前默认的分析序列为【填充】，从方案任务视窗中可以查看。

04 单击【选择材料】按钮，在弹出的【选择材料】对话框中单击【搜索】按钮，在弹出的【搜索条件】对话框中选择材料缩写为 ABS 的材料，且不论供应商是谁，如图 4-44 所示。

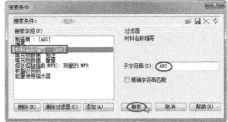

图 4-44　选择材料

05 在【成型工艺设置】面板中单击【工艺设置】按钮，在弹出的【工艺设置向导－填充设置】对话框中查看模具表面温度（模温）、溶体温度（料温）默认值，单击【确定】按钮完成工艺设置，如图 4-45 所示。

图 4-45　填充设置

06 在【成型工艺设置】面板中单击【工艺设置】按钮，在弹出的【优化方法】对话框中选中【参数化方案】单选按钮，再单击【确定】按钮完成优化方法的选择，如图 4-46 所示。

07 在弹出的【参数化方案生成器】对话框的【变量】选项卡的【模具表面温度】
页面中设置【模具表面温度】的【要调查的值】为 80，如图 4-47 所示。

图 4-46　选择优化方法　　　　　　　　　　图 4-47　设置模温调查值

08 在【溶体温度】页面中设置【要调查的值】为 280，如图 4-48 所示。在【自动
计算注射时间】页面中设置调查值为【1：5】，表示调查预设 1s 和预设 5s 时的
填充效果，以此进行对比，如图 4-49 所示。

图 4-48　设置溶体温度调查值　　　　　　图 4-49　设置自动计算注射时间的调查值

09 单击【下一步】按钮 下一步 切换至【比较标准】选项卡，在该选项卡中勾选
要进行优化比较的选项，如图 4-50 所示。单击【下一步】按钮 下一步 切换至
【选项】选项卡，在该选项卡中保留默认选项及默认值，单击【完成】按钮完成
参数化方案的创建，如图 4-51 所示。

图 4-50　选择优化比较选项　　　　　　　图 4-51　完成参数化方案创建

10 此时，方案任务视窗中增加了优化任务，如图 4-52 所示。在方案任务视窗中双击【开始分析】任务，系统开始运行填充分析和参数化方案优化分析，结果如图 4-53 所示。

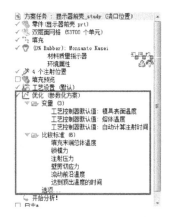

图 4-52 添加的优化方案任务

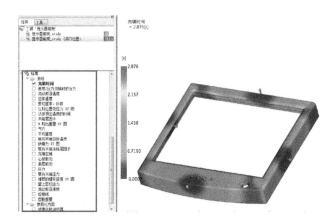

图 4-53 填充分析

2. 填充分析结果解读

通过前面的填充分析+参数化方案分析，得到了流动与参数化方案的分析结果。首先查看流动分析结果，然后再查看参数化方案结果，具体操作步骤如下。

01 在方案任务视窗的【结果】任务的【流动】分析结果中勾选【填充时间】复选框查看注射时间，如图 4-54 所示。初次填充分析所用注射时间为 2.876s。

02 勾选【流动前沿温度】复选框，从分析结果看流动前沿温度为 230.1℃，如图 4-55 所示。

图 4-54 填充注射时间

图 4-55 流动前沿温度

03 勾选【锁模力：XY 图】复选框，从分析结果看填充末端锁模力最大约为 40tonne（等于 1000 公斤），如图 4-56 所示。

04 勾选【填充末端总体温度】复选框，从分析结果看填充末端的温度总体相差较大，从最小的 64.08℃ 到最大的 231.2℃，如图 4-57 所示。

05 勾选【达到顶出温度的时间】复选框，从分析结果看制件各处顶出温度是不一致的，最先填充的浇口位置部分温度最高，最后填充的部位温度最低，如图 4-58 所示。

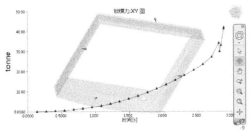

图 4-56　查看锁模力

图 4-57　填充末端总体温度

06 勾选【壁上剪切应力】复选框，从分析结果看框选区域的型腔壁存在剪切应力，会导致此处存在断裂的风险，此外这部分区域熔接线较多，如图 4-59 所示。

图 4-58　达到顶出温度的时间

图 4-59　壁上剪切应力

3. 参数化方案比较

参数化方案比较的具体操作步骤如下。

01 在【结果】任务中选择【参数化方案】的【结果比较浏览器】选项，将会弹出【参数化结果比较浏览器】窗口，如图 4-60 所示。

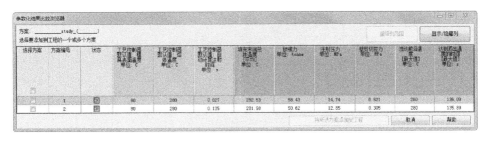

图 4-60　【参数化结果比较浏览器】窗口

02 该窗口中列出 2 个时间段的参数化方案比较结果，方案编号分别为 1、2。由于自动计算注射时间预设分别是 1s 和 5s，因此两个方案的比较值是不相同的。除了注射时间差别较大外（方案 1 的注射时间是 0.027s、方案 2 的注射时间为 0.135s），其他比较参数是接近的。

03 勾选方案 1，然后单击窗口下方的【将所选方案添加到工程】按钮，系统会自动将方案 1 的所有比较参数应用到新的工程方案中，如图 4-61 所示。

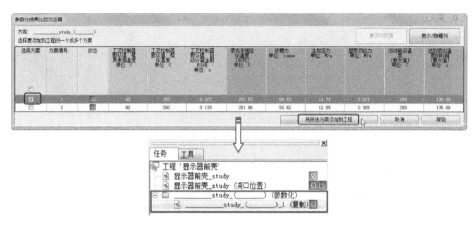

图 4-61　添加方案到工程中

04 同理，将方案 2 也添加到工程中。接下来在工程视窗中查看参数化方案后的工程方案任务。这里以方案 1 为例。

05 在工程视窗中双击【_____study_（_____）_1（复制）】方案，进入到方案一的任务中。在方案任务视窗中的【结果】任务下可以勾选【填充时间】【流动前沿温度】【达到顶出温度的时间】【锁模力：XY】【填充末端总体温度】【壁上剪切应力】等复选框以查看分析结果。

06 例如，勾选【流动前沿温度】复选框，可以看到分析结果中的模型流动前沿温度是均衡的（0.1℃细微差别），不像之前的相差较大（64.08℃~231.2℃），如图 4-62 所示。与原先的方案进行对比。可以看出优化分析后的效果比之前的相比，制件缺陷明显改善了很多。也就是说，利用参数化方案分析后的方案任务作为其他分析序列的基础，可以得到理想的模流分析结果。

图 4-62　查看流动前沿温度

4.7.2　DOE 实验设计分析

实验设计 DOE 是一种统计工具，使用户可以看到某些干预（如更改实验工艺变量）对零件质量所产生的影响。通过在改变所选工艺条件的同时运行一系列实验，然后根据用户定义的质量指示器计算结果，DOE 还可以指示哪些工艺条件对给定的质量指示器产生的影响最大。

DOE 分析将通过改变所选输入变量的值并自动启动一系列分析，从而找出最佳工艺条件，比如，模具/熔体温度、注射/保压时间、厚度倍加器以及注射/保压曲线倍加器等。DOE 实验设计分析包含了参数化方案分析，另外就是增加了质量影响检查功能。下面以一个实战案例进行说明。

扫码看视频

（上机操作）DOE 实验设计全流程解析

DOE 实验设计分析的相关流程如下。

1. 填充分析+ DOE 实验设计分析

填充分析+ DOE 实验设计分析的具体操作步骤如下。

01 打开本例素材源文件【显示器前壳－工程方案任务 \ 显示器前壳 . mpi】工程文件。

02 在工程视窗中双击【显示器前壳_study（浇口位置）】方案进入到该方案任务中。

03 保持默认的【填充】分析序列及工艺设置，选择材料为 ABS。

04 在【成型工艺设置】面板中单击【优化】按钮 ，将会弹出【优化方法】对话框。

05 在【优化方法】对话框中选中【实验设计（DOE）】单选按钮，单击【确定】按钮完成优化方法的选择，如图 4-63 所示。

06 在弹出的【DOE 生成器】对话框中保留【实验】选项卡中的选项设置，切换至【变量】选项卡，设置【填充设置】选项下的各项参数，如图 4-64 所示。

图 4-63　选择优化方法

图 4-64　设置填充变量

07 其他选项卡保持默认设置，最后在【选项】选项卡中单击【确定】按钮完成 DOE 生成器的创建。

08 在【主页】选项卡的【分析】面板中单击【开始分析】按钮 ，系统开始运行填充分析和 DOE 实验设计分析，经过一定时间的分析后，得到如图 4-65 所示的结果。

2. 结果解读

本例的填充分析结果与前一个案例【参数化方案分析】的填充分析结果是完全相同的。

下面直接看 DOE 实验设计的结果比较以及对制件质量的影响。

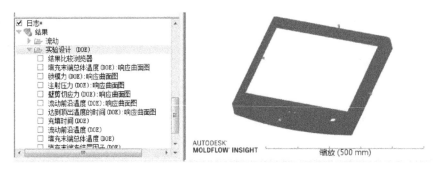

图 4-65　分析完成的结果

3. DOE 实验设计比较

DOE 实验设计比较的具体操作步骤如下。

01 在方案任务视窗的【结果】任务的【实验设计】结果中勾选【结果比较浏览器】复选框，将会弹出【DOE 结果比较浏览器】窗口，如图 4-66 所示。

选择方案	方案编号	状态	工艺控制器数值模型具及温度 单位: C	工艺控制器数值模型体温度 单位: C	工艺控制器数值模型自保压切换 单位: S	工艺控制器数值模型充填压力力	工艺控制器数值模型在充压在力	填充末端总体温度 [标准差] 单位: C	锁模力 单位: tonne	注射压力 单位: MPa	壁面切应力 单位: MPa	流动前沿温度 [标准差] 单位: C	达到顶出温度的时间 [标准差] 单位: s
			过滤器	过滤器	过滤器	过滤器	过滤器	过滤器	过滤器	过滤器	过滤器	过滤器	过滤器
	1		20	200	3.68	−1	−1	25.5	16.18	6.01	0.0693	1.07	4.97
	2		20	200	3.72	−1	1	24.85	22.28	6	0.0694	1.1	4.98
	3		20	240	3.68	1	−1	30.25	11.75	4.35	0.0514	1.32	6.17
	4		20	240	3.72	1	1	29.56	16.48	4.34	0.0512	1.35	6.19
	5		80	200	3.68	1	−1	15.51	19.32	5.14	0.0878	0.618	7.95
	6		80	200	3.72	1	−1	16.05	14.02	5.12	0.0876	0.636	7.92
	7		80	240	3.68	−1	1	20.84	14.68	3.77	0.0488	0.913	9.79
	8		80	240	3.72	−1	−1	21.25	10.35	3.77	0.0509	0.939	9.76
	9		20	200			−1	25.53	16.16	6	0.0685	1.09	4.97
	10		20	200			1	24.79	22.15	6	0.0685	1.09	4.98
	11		80	200			−1	16.03	14.11	5.14	0.0877	0.628	7.93
	12		80	200			1	15.55	19.34	5.14	0.0877	0.627	7.96
	13		20	240			−1	30.35	11.73	4.35	0.0513	1.34	6.17
	14		20	240			1	29.48	16.43	4.35	0.0513	1.34	6.19
	15		80	240			−1	21.2	10.3	3.76	0.051	0.926	9.76
	16		80	240			1	20.7	14.66	3.76	0.051	0.925	9.79
	17		50	200			0	20.26	16.59	5.81	0.0685	0.812	6
	18		50	240			0	24.97	12.25	4.06	0.0511	1.13	7.45
	19		20	220			0	27.55	16.16	5.09	0.0703	1.2	5.64
	20		80	220			0	18.29	14.1	4.37	0.0704	0.778	8.98
	21		50	220			−1	22.94	12.96	4.77	0.0703	0.958	6.78
	22		50	220			1	22.38	17.05	4.77	0.0703	0.957	6.8
	23		50	220			0	22.56	14.26	4.77	0.0703	0.957	6.79

图 4-66　【DOE 结果比较浏览器】窗口

02 【DOE 结果比较浏览器】窗口中列出了所有进行标准比较的结果参数，并列出了 23 种比较方案，这跟在【DOE 生成器】对话框中所选的【变量影响及响应】选项是对应的，需要分析的数量为 23。

03 在【DOE 结果比较浏览器】窗口中优选编号 2 和编号 3 的方案，然后单击【将所选方案添加到工程】按钮，将新优化分析的新方案应用到工程方案任务中，然后关闭窗口，如图 4-67 所示。

04 可以在工程视窗中查看新方案的分析结果。

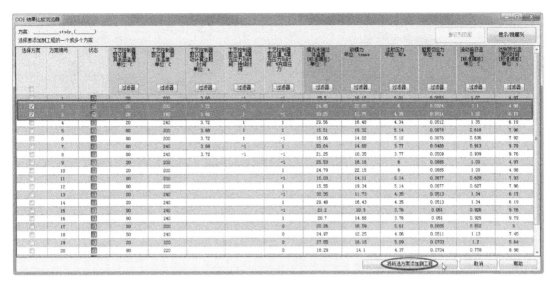

图 4-67　将方案添加到工程

4. 影响

查看各种响应曲面图的具体操作步骤如下。

01 在方案任务视窗的【结果】任务的【实验设计】任务中勾选【填充末端总体温度（DOE）：响应曲面图】复选框，查看响应曲面图，如图 4-68 所示。从图中得知，X 轴方向表示模具温度，Y 轴方向表示溶体温度，Z 轴方向表示填充末端总体温度，也就是说，当模具温度越高、填充末端总体温度也越高，相反溶体温度越低。

02 勾选【锁模力（DOE）：响应曲面图】复选框，查看注射压力响应曲面图，如图 4-69 所示。可以得知，当模具表面温度为 200℃、溶体温度为 20℃ 时，注射压力值最大。随着溶体温度与模具温度的增加，注射压力也随之而降低。

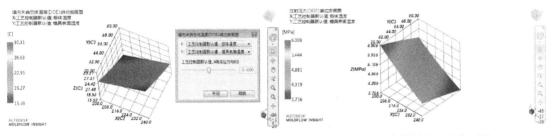

图 4-68　响应曲面图　　　　　　　　　图 4-69　注射压力响应曲面图

03 勾选【填充时间（DOE）】复选框，查看实验设计的填充时间与前面填充分析的填充时间的比较。图 4-70 所示为实验设计的填充时间（DOE）图，完成整个型腔填充时间为 4.030s。图 4-71 所示为填充分析时的填充时间为 4.031s，可以看出实验设计 DOE 的结果与之前的相差不大，没有什么影响。

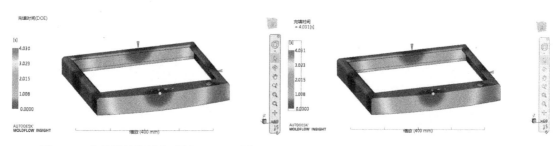

图 4-70　实验设计的填充时间（DOE）图　　　　图 4-71　填充分析的填充时间图

04 查看实验设计的【流动前沿温度（DOE）】图，如图 4-72 所示。同时观察【流动前沿温度（DOE）：响应曲面图】，如图 4-73 所示。从流动前沿温度图可以看出，实验设计的流动前沿温度相差 40℃左右，整个温度变化在 179.2℃~220℃ 之间，从响应曲面图中可以看出，模具温度和溶体温度对流动前沿温度的影响仅仅是在 0.6248℃~1.342℃，也就说影响不大。

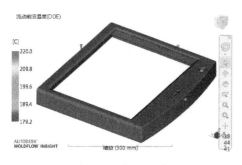　　　　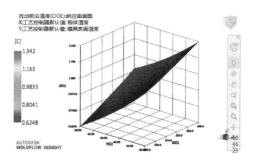

图 4-72　实验设计的流动前沿温度图　　　　图 4-73　填充分析的流动前沿温度图

05 查看【壁剪切应力（DOE）：响应曲面图】，从图中可知，模具温度与溶体温度对壁剪切应力的影响也是有限的，压力变化在 0.0510MPa~0.0723MPa，如图 4-74 所示。查看【达到顶出温度的时间（DOE）：响应曲面图】，从图中可知，模具温度与溶体温度的影响对达到顶出温度的时间影响也是有限的，因为溶体填充完成并经过冷却后，差不多要经过 4s 的时间，如图 4-75 所示。

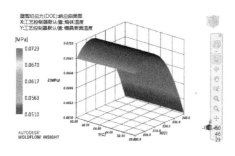　　　　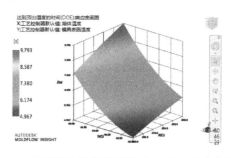

图 4-74　壁剪切应力（DOE）：响应曲面图　　　图 4-75　达到顶出温度的时间（DOE）：响应曲面图

06 保存工程方案任务。

4.7.3　工艺优化分析

　　Autodesk Moldflow 还为用户提供了用于确定注塑机螺杆曲线和保压压力曲线的工艺优化

分析序列。前面的优化分析是为注塑生产过程中的模具温度、溶体温度和注射时间等提供参考的辅助工具，伴随其他分析序列同时进行。本小节的工艺优化分析是独立的一个分析序列，即独立完成分析的。

> 工艺优化分析在给定模具、机器和材料的情况下，目的就是通过几次迭代找到最佳工艺设置，使生成的零件不产生翘曲、不包含缩痕或不具有任何与注射成型有关的瑕疵。下面以一个工艺优化分析实战案例来说明操作流程。

扫码看视频

上机操作 工艺优化全流程解析

工艺优化分析的相关流程如下。

1. 准备方案任务并设置分析序列

准备方案任务并设置分析序列的具体操作步骤如下。

01 打开本例素材源文件【连接器.mpi】工程文件。

02 在工程视窗中复制【组合型腔_study（工艺优化）】方案，然后将其重命名为【组合型腔_study（工艺设置优化分析）】，如图 4-76 所示。

03 双击【组合型腔_study（工艺设置优化分析）】进入方案任务分析环境中。单击【分析序列】按钮，然后在弹出的【选择分析序列】对话框中选择【工艺优化（填充+保压）】序列，单击【确定】按钮完成选择，如图 4-77 所示。

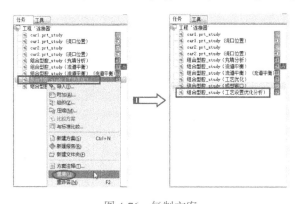

图 4-76 复制方案

图 4-77 选择分析序列

04 在任务视窗中双击【工艺设置（用户）】方案任务，打开【工艺设置向导】对话框。在该对话框的【注塑机】选项组中单击【编辑】按钮，如图 4-78 所示。

图 4-78 选择注塑机

技术要点：

表4-1所示为HTF海天注塑机技术参数，可作为使用者自定义注塑机时的参考。至于其他注塑机的相关技术参数，可通过相关的注塑机厂家获取。

表4-1　HTF海天注塑机技术参数

型号参数	单位	200×A	200×B	200×C	300×A	300×B	300×C
螺杆直径	mm	45	50	55	60	65	70
理论注射容量	cm3	334	412	499	727	853	989
注射重量 PS	g	304	375	454	662	776	900
注射压力	MPa	210	170	141	213	182	157
注射行程	mm		210			257	
螺杆转速	r/min		0~150			0~160	
料筒加热功率	KW		12.45			17.25	
锁模力	KN		2000			3000	
拉杆内间距（水平×垂直）	mm		510×510			660×660	
允许最大模具厚度	mm		510			660	
允许最小模具厚度	mm		200			250	
移模行程	mm		470			660	
移模开距（最大）	mm		980			1260	
液压顶出行程	mm		130			160	
液压顶出力	KN		62			62	
液压顶出杆数量	PC		9			13	
油泵电动机功率	KW		18.5			30	
油箱容积	l		300			580	
机器尺寸（长×宽×高）	m		5.2×1.6×2.1			6.9×2.0×2.4	
机器重量	t		6			11.5	
最小模具尺寸（长×宽）	mm		350×350			460×460	

05 按上表中【200×B】的型号来设置注塑机，在【注塑机】对话框的【描述】选项卡中按照如图4-79所示设置各项参数。

06 在【注射单元】选项卡中按照如图4-80所示设置各项参数。

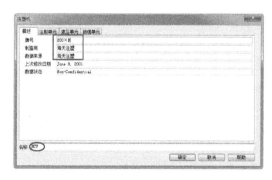

图4-79　选择注塑机描述

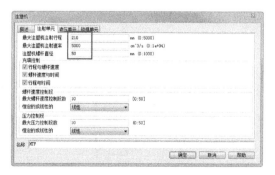

图4-80　设置注射单元

07 在【液压单元】选项卡中按照如图4-81所示设置各项参数，完成后单击【确定】按钮。

08 返回【工艺设置向导】对话框，在该对话框中单击【下一步】按钮，保留默认参数再单击【完成】按钮完成工艺参数设置，如图4-82所示。

图4-81　设置液压单元　　　　　　　　　　图4-82　完成工艺参数设置

09 在任务视窗中双击【开始分析】方案任务，运行全面分析。

2. 分析结果解析

分析结果解析的具体操作步骤如下。

01 经过较长时间的耐心等待之后，完成了工艺设置的优化分析。只有一个结果【螺杆位置与时间：XY图】，如图4-83所示。

02 勾选【螺杆位置与时间：XY图】复选框，显示【螺杆位置与时间：XY图】的分析云图，如图4-84所示。

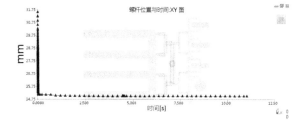

图4-83　工艺设置优化分析结果　　　　　　图4-84　分析云图

【螺杆位置与时间：XY图】的分析云图描绘的是：指定了海天HT注塑机以后，在11s左右完成31.75mm熔融体体积的注射。整个填充过程是非常均衡的，没有起伏变化。根据这两个数据，可以得出螺杆如下的注射速度。

$$31.75cm \div 11s \approx 2.89cm/s$$

根据这个计算结果，可以使用如下方式进行填充控制。

- 注射时间＝11s。
- 流动速率＝2.89cm/s。
- 相对螺杆速度曲线：%螺杆速度与%射出体积（编辑曲线）。
- 相对螺杆速度曲线：%螺杆速度与%行程（编辑曲线）。

3. 重新填充+保压分析

在工程视窗中，工艺设置优化分析后自动生成【组合型腔_study（工艺设置优化分析）（工艺优化（填充+保压））】方案任务。

01 双击【组合型腔_study（工艺设置优化分析）（工艺优化（填充＋保压））】任务，进入该方案任务的分析环境。

02 在任务视窗双击【工艺设置】任务，根据前面成型窗口和工艺设置优化分析的结果，得到优化的工艺设置参数，如图4-85所示。单击【确定】按钮即可。

图4-85　工艺设置

技术要点：

工艺设置向导对话框中的各项参数，都是基于工艺设置优化分析的结果，直接保持默认即可，不用再修改某些参数。如果分析结果仍然会出现一些小缺陷，到时再慢慢微调即可。

03 开始运行分析，得出如图4-86所示的结果。

下面就几项重要结果进行分析比较。

（1）填充时间

图4-87所示为工艺设置优化分析前的流道平衡分析的填充时间。制品的填充时间为1.048s，比工艺优化分析前减少了0.1s左右（工艺优化分析前为1.149s），并且制品两边是同时完成填充的。

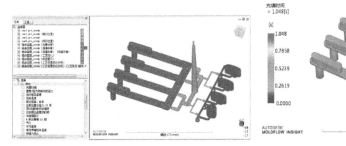

图4-86　完成分析

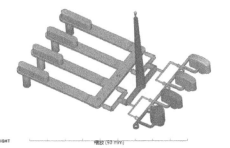

图4-87　填充时间

图4-88所示为重新填充+保压分析后的填充时间。完成整个填充所花的时间远远少于之前的填充时间。当然这个时间太短是有一定问题的，会导致制件缺陷。可以适当调整注射速率。但是从效果看，填充是非常均衡的，几乎是同时完成两边模型的填充。

（2）流动前沿温度

图 4-89 所示为之前的流动前沿温度，流道前沿温度存在 100℃左右的温差。

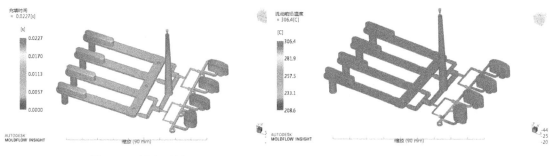

图 4-88　填充时间 　　　　　　　　　　　　　　　　图 4-89　流动前沿温度

图 4-90 所示为重新填充+保压分析后的流动前沿温度。从效果图看，流动前沿温度差非常小，可以忽略不计，说明了填充平衡效果比较理想。

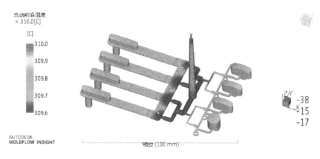

图 4-90　流动前沿温度

总体上讲，工艺设置的优化分析效果不会完全解决制品缺陷，但对于填充平衡来说，完全达到需求。只不过还要不断地调整工艺参数，并多次进行分析，以此得到符合实际生产要求的分析结果。鉴于时间和篇幅的限制，不再继续进行调整分析了，感兴趣的读者可以自行完成。

第**5**章　制件变形与翘曲模流分析案例

本章导读

本章主要介绍利用 Autodesk Moldflow 的热流道注塑分析功能辅助改善模具机构设计，表现在浇口分析、填充+翘曲分析和冷却分析结果的前后比较，以此取得最佳设计方案。

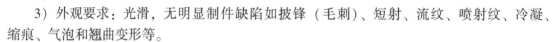

5.1　案例介绍——手机壳注塑成型模流分析

分析题目：手机壳注塑成型模流分析。

产品 3D 模型如图 5-1 所示。

规格：最大外形尺寸：100mm×45mm×6mm（长×宽×高）。

壁厚：最大 1.2mm；最小 0.6mm。

设计要求如下。

1）材料：ABS+PC。

2）缩水率：1.006mm。

图 5-1　手机壳 3D 模型

3）外观要求：光滑，无明显制件缺陷如披锋（毛刺）、短射、流纹、喷射纹、冷凝、缩痕、气泡和翘曲变形等。

4）模具布局：一模一腔。

5.2　前期准备与分析

手机壳产品对尺寸精度要求极高，手机壳模具的型腔布局为一模一腔，并非是产量低的原因，而是考虑手机壳体的精度要求，一模多腔无法保证表面精度。手机壳采用 ABS+PC 塑料并以热流道注塑成型，产品结构已经确定，不再更改。进浇位置预先假设或根据 Autodesk Moldflow 最佳浇口位置分析后确定，希望借助 Autodesk Moldflow 模流分析帮助用户改善产品的常见缺陷。

5.2.1　前期准备

Autodesk Moldflow 分析的前期准备工作如下。

- 新建工程并导入 CAD 模型。
- 网格模型的创建。

扫码看视频

1. 新建工程并导入 CAD 模型

新建工程并导入 CAD 模型的具体操作步骤如下。

01 启动 Autodesk Moldflow，在【开始并学习】选项卡中单击【新建工程】按钮，在弹出的【创建新工程】对话框中输入工程名称并设置保存路径后，单击【确定】按钮完成工程的创建，如图 5-2 所示。

02 在【主页】选项卡中单击【导入】按钮，在弹出的【导入】对话框中打开本例源文件夹的【手机壳.udm】，如图 5-3 所示。

图 5-2 创建工程

图 5-3 导入模型

03 在弹出的【导入】对话框中选择【双层面】网格类型，再单击【确定】按钮完成分析模型的导入，如图 5-4 所示。

04 导入的分析模型如图 5-5 所示。

图 5-4 选择网格类型

图 5-5 导入的分析模型

2. 划分网格和网格统计

划分网格和网格统计的具体操作步骤如下。

01 在【网格】选项卡的【网格】面板中单击【生成网格】按钮，工程视窗的【工具】选项卡中将会显示【生成网格】选项面板。

02 设置【全局边长】的值为【0.5】，然后单击【立即划分网格】按钮，程序自动划分网格，结果如图 5-6 所示。

图 5-6　划分网格

技术要点：

　　网格的边长值取决于模型的厚度尺寸、网格的匹配质量及模型的形状精度。默认情况下，Autodesk Moldflow 会根据导入的分析模型尺寸给定一个参考值，就是默认的【全局边长】值。如果模型结构简单且没有小凸台、圆角、凹槽等之类的小特征，【全局边长】可设定为制件厚度的 1.5~2 倍，足以保证分析精度。但是本例模型的结构比较复杂，有细小特征，因此建议网格边长值设为 0.5~1mm 之间，否则会造成网格质量差、修复缺陷困难等问题。

03 网格创建后需要进行统计，以此判定是否修复网格。在【网格诊断】面板中单击【网格统计】按钮，然后再单击【网格统计】选项面板中的【显示】按钮，程序立即对网格进行统计并弹出【网格信息】对话框，如图 5-7 所示。

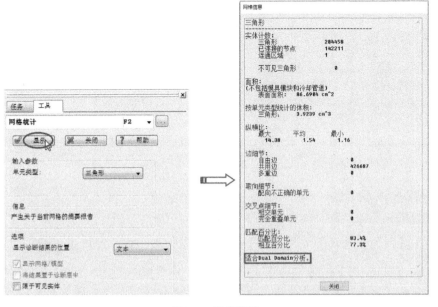

图 5-7　网格统计

技术要点：

　　通过网格统计的信息查看，可知手机壳模型的网格没有出现缺陷，虽然匹配百分比值还达不到最优值，但最后的提示还是说明网格模型是适合做双层面分析的，因此不用做网格修复操作。

5.2.2　最佳浇口位置分析

　　最佳浇口位置分析包括选择分析序列、选择材料、工艺设置和分析与结果解析等步骤。下面讲解详细操作过程及参数设置方法。

扫码看视频

1. 选择分析序列

选择分析序列的具体操作步骤如下。

01 在【主页】选项卡的【成型工艺设置】面板中单击【分析序列】按钮，将会弹出【选择分析序列】对话框。

02 在【选择分析序列】对话框中选择【浇口位置】选项，再单击【确定】按钮完成分析序列的选择，如图 5-8 所示。

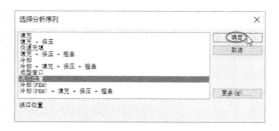

图 5-8　选择分析序列

2. 选择材料

选择材料的具体操作步骤如下。

01 在【主页】选项卡的【成型工艺设置】面板中单击【选择材料】按钮，或者在任务视窗中单击鼠标右键，并在弹出的快捷菜单中选择【选择材料】命令，均会弹出【选择材料】对话框。在【选择材料】对话框中单击【搜索】按钮，在弹出的【搜索条件】对话框中输入牌号，并单击【搜索】按钮进行搜索，如图 5-9 所示。

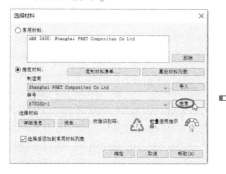 

图 5-9　选择材料

02 在弹出的【选择热塑性材料】对话框中任选一种材料，然后单击【选择】按钮，如图 5-10 所示。

03 在返回的【选择材料】对话框中单击【确定】按钮，完成材料的选择，如图 5-11 所示。

图 5-10　选择材料　　　　　　　　图 5-11　完成材料的选择

3. 工艺设置

工艺设置的具体操作步骤如下。

01 在【主页】选项卡的【成型工艺设置】面板中单击【工艺设置】按钮，将会弹出【工艺设置向导–浇口位置设置】对话框，如图 5-12 所示。

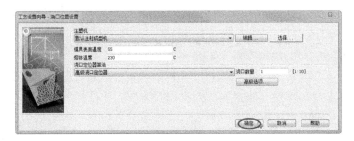

图 5-12　工艺参数设置

02 在【工艺设置向导–浇口位置设置】对话框中主要有【模具表面温度】和【熔体温度】2 个参数需要设置。这里保留默认设置（目的是为了能与优化设计数据做对比），单击【确定】按钮完成工艺设置。

4. 分析与结果解析

分析与结果解析的具体操作步骤如下。

01 在【分析】面板中单击【开始分析】按钮，程序执行最佳浇口位置分析。经过一段时间的计算后，得出如图 5-13 所示的分析结果。

02 在任务视窗中勾选【流动阻力指示器】复选框，查看流动阻力，如图 5-14 所示。从图中可以看出，阻力最小的区域就是最佳浇口位置区域。

03 勾选【浇口匹配性】复选框，同样也可以看出最佳浇口位置位于产品中的何处，如图 5-15 所示。从图中可以看出，匹配性最好的区域就是最佳浇口位置区域。

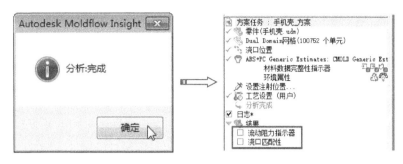

图 5-13　分析完成

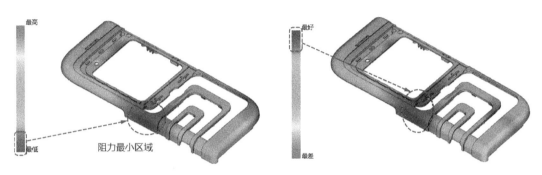

图 5-14　流道阻力　　　　　　　　图 5-15　查看匹配性

05 分析完最佳浇口位置后，系统会自动标识处最佳浇口位置的节点，并放置注射锥。在工程视窗中双击【手机壳_方案（浇口位置）】方案任务，即可查看系统自动放置的注射锥，如图 5-16 所示。

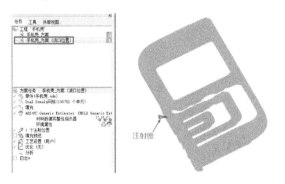

图 5-16　查看最佳浇口位置的注射锥

5.2.3　冷却+填充+保压+翘曲分析

　　本案例希望通过冷却+填充+保压+翘曲分析，改善制品的质量。首先进行的是以 Autodesk Moldflow 最佳浇口位置区域分析结果为基础的基本分析。

扫码看视频

1. 分析设定

分析设定的具体操作步骤如下。

01 虽然 Autodesk Moldflow 给定了一个最佳浇口位置，但以这个位置进行注射的话，会在制件表面产生浇口痕迹，从而影响了外观，因此这里要删除默认的注射锥。

02 在工程视窗中利用鼠标右键单击【手机壳_方案（浇口位置）】方案，再在弹出的快捷菜单中选择【重复】命令，就会复制、粘贴所选的方案任务，重新命名这个副本为【手机壳_方案（前期分析）】，如图 5-17 所示。

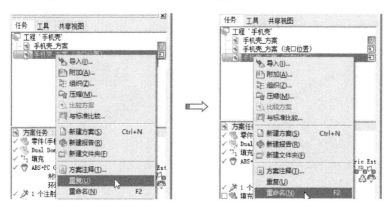

图 5-17　创建副本并重命名

03 在工程视窗中双击【手机壳_方案（前期分析）】方案任务，在【主页】选项卡的【成型工艺设置】面板中单击【注射位置】按钮，重新布置注射锥，放置在非外观表面上，如图 5-18 所示。新位置处有镜面玻璃覆盖，可遮挡浇口痕迹。

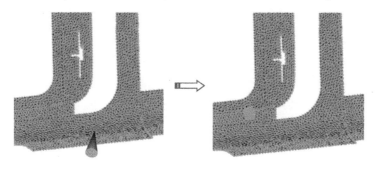

图 5-18　更改注射锥

04 选择分析序列。在【成型工艺设置】面板中单击【分析序列】按钮，在弹出的【选择分析序列】对话框中选择【冷却+填充+保压+翘曲】选项，再单击【确定】按钮，如图 5-19 所示。

图 5-19　选择分析序列

2. 设计冷却回路

要进行冷却分析就必须设计冷却回路，具体操作步骤如下。

`01` 在方案任务视窗中利用鼠标右键单击【冷却回路（无）】项目，然后在弹出的快捷菜单中选择【回路向导】命令，或者在【几何】选项卡的【创建】面板中单击【冷却回路】按钮 ⎖冷却回路，均会弹出【冷却回路向导–布局–第 1 页（共 2 页）】对话框，如图 5-20 所示。

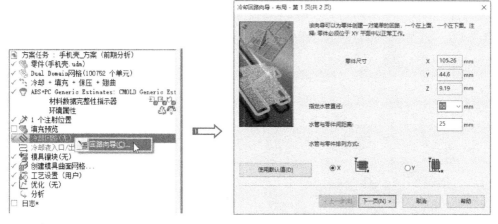

图 5-20　选择【回路向导】命令

`02` 在【冷却回路向导–布局–第 1 页（共 2 页）】对话框中设置相关参数，如图 5-21 所示。

`03` 单击【下一步】按钮切换至【冷却回路向导–管道–第 2 页（共 2 页）】对话框，在该界面进行如图 5-22 所示的参数设置。

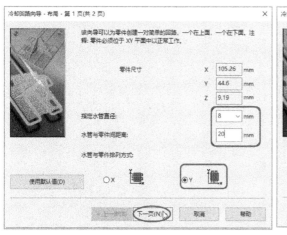

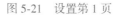

图 5-21　设置第 1 页

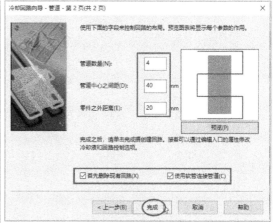

图 5-22　设置第 2 页

`04` 单击【完成】按钮，创建冷却回路，如图 5-23 所示。

知识链接：冷却水道到型腔表壁的距离应合理

　　冷却系统对生产率的影响主要由冷却时间来体现。通常，注射到型腔内的塑料熔体的温度为 200 ℃ 左右，塑件从型腔中取出的温度在 60 ℃ 以下。熔体在成型时释放出的热量中约有 5% 以辐射、对流的形式散发到大气中，其余 95% 需由冷却介质（一般是水）带走，否则由于塑料熔体的反复注入将使模温升高。

　　冷却水道到型腔表壁的距离关系到型腔是否冷却得均匀和模具的刚、强度问题。不能片面地认为，距离越近冷却效果越好。设计冷却水道时往往受推杆、镶件、侧抽芯机构等零件限制，不可能都按照理想的位置开设水道，水道之间的距离也可能较远，这时，水孔距离型腔位置过近，则冷却均匀性差。同时，在确定水道与型腔壁的距离时，还应考虑模具材料的强度和刚度。避免距离过近，在模腔压力下使材料发生扭曲变形，使型腔表面产生龟纹。图 5-24 所示为水孔与型腔表壁距离的推荐尺寸，该尺寸兼顾了冷却效率、冷却均匀性和模具刚、强度的关系，水孔到型腔表壁的最小距离不应小于 10mm。

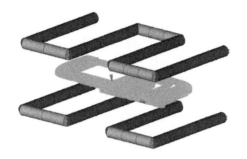

图 5-23　创建的冷却回路

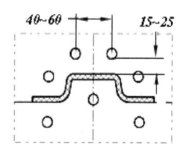

图 5-24　水管到型腔表壁的推荐距离

3. 设置工艺参数并执行分析

　　为了验证系统默认的工艺设置参数对分析的精确性，工艺参数全部默认设置，具体操作步骤如下。

　　01 设置工艺参数。由于继承了前面分析的结果，因此不用再重新选择材料。单击【工艺设置】按钮 ，在弹出的【工艺设置向导-冷却设置-第 1 页（共 3 页）】对话框中单击【下一步】按钮进入下一界面，如图 5-25 所示。

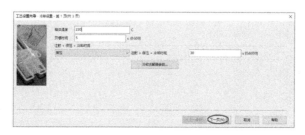

图 5-25　设置第 1 页

02 在【工艺设置向导-填充+保压设置-第 2 页（共 3 页）】对话框中单击【下一步】按钮进入下一界面，如图 5-26 所示。

03 在【工艺设置向导-翘曲设置-第 3 页（共 3 页）】对话框中勾选【考虑模具热膨胀】

图 5-26　设置第 2 页

和【分离翘曲原因】复选框，最后单击【完成】按钮关闭对话框，如图 5-27 所示。

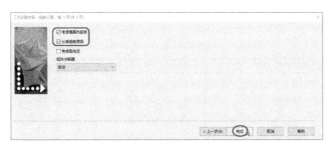

图 5-27　设置第 3 页

04 当所有应该设置的参数都完成后，单击【开始分析】按钮 ，Autodesk Moldflow 将会启动分析。

5.2.4　结果解析

经过较长时间的耐心等待之后，完成了冷却+填充+保压+翘曲分析。在方案任务窗格中可以查看分析的结果，本案例有流动、冷却和翘曲 3 个结果，如图 5-28 所示。

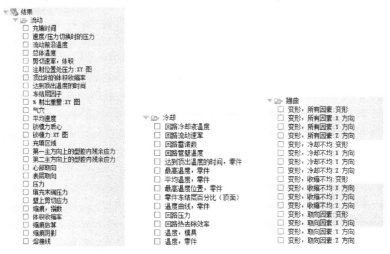

图 5-28　分析结果列表

1. 流动分析

为了简化分析的时间，下面仅将较为重要的分析结果列出。

（1）充填时间

图 5-29 所示为按照 Autodesk Moldflow 常规的设置，所得出的充填时间为 0.5442s。从充填效果看，产品中还出现了灰色区域，表示无法填充的区域，说明填充过程中产生了严重滞流现象，导致制件欠注短射。原因在于注射位置（手机壳背面）附近存在较多较细的加强筋，加强筋仅 0.4mm，而浇口又距离此筋太近，塑料流动到该处时受到极大阻力而停滞不前并迅速凝固了。

（2）速度/压力切换时的压力

【速度/压力切换时的压力】结果表达了填充溶体的推进速度（充填结束时）切换为压力控制时（进入保压控制阶段）填充压力在模腔中的运动及分布情况。从如图 5-30 所示的压力图可看出，整个溶体填充过程中各处的压力分布极为不均，有两处存在压力提前降为 0，导致这两处位置的填充提前结束，造成短射。要解决此问题，可增加保压压力，使溶体在压力控制下继续完成填充。

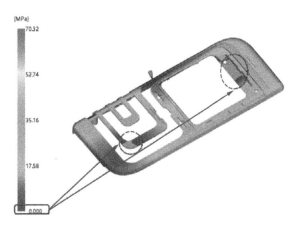

图 5-29　充填时间　　　　　　　　　图 5-30　速度/压力切换时的压力

（3）流动前沿温度

【流动前沿温度】表达充填过程中流动波前温度的分布，利用波前温度结果可以判断出制件是否完成溶体的填充，即是否存在欠注短射。图 5-31 所示的分析结果中显示绝大部分区域的波前温度是相同的，在 232.8℃ 左右。但圈示区域（灰色区域为薄筋）因发生严重滞流，流动前沿温度急剧下降至 144℃（即凝固温度），阻碍了后续料流再进入该区域，导致短射发生。

（4）熔接线

从如图 5-32 所示的熔接线分布图可以看出，熔接线主要集中产品筋、BOSS 柱位置，少部分熔接线分布在手机壳外表面的结构受力位置，既影响产品的外观质量也影响了产品性能，需要及时改善。

 技术要点：

熔接线如果集中出现在产品中心或筋、肋较少的受力区域，极易造成产品断裂。

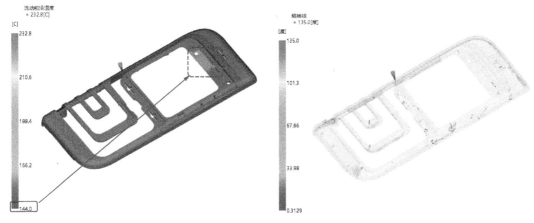

图 5-31　流动前沿温度　　　　　　　　图 5-32　熔接线

2. 冷却分析

冷却分析结果中，以回路冷却液温度、产品最高温度和产品冷却时间 3 个主要方面来进行介绍。

（1）回路冷却液温度

图 5-33 所示为冷却介质最低温度与最高温度之差仅约为 0.1℃（25℃~25.1℃），表明了模具表面温度控制较好，冷却管道数量及分步也是比较合理的。

（2）最高温度，零件

图 5-34 所示为制品的最高温度为 38.23℃，最低温度为 28.38℃，表明了温差较大、冷却不均匀以及产品易翘曲。这需要对冷却管道与制件间的距离进行调整，直至符合设计要求为止。

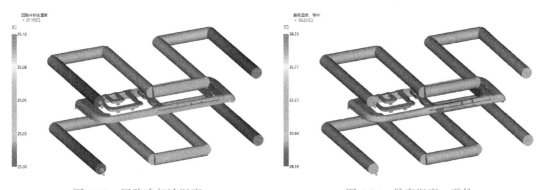

图 5-33　回路冷却液温度　　　　　　　　图 5-34　最高温度，零件

（3）达到顶出温度的时间，零件

图 5-35 所示为达到顶出温度的时间为 6.330s，超出预设的【开模时间】5s，说明制件的冷却效果不理想。

3. 翘曲分析

翘曲是塑件未按照设计的形状成形，却发生表面的扭曲，塑件翘曲导因于成形塑件的不均匀收缩。假如整个塑件有均匀的收缩率，塑件变形就不会翘曲，而仅仅会缩小尺寸。然而，由于分子链/纤维配向性、模具冷却、塑件设计、模具设计及成形条件等诸多因素的交互影响，要能达到低收缩或均匀收缩是一件非常复杂的工作。

图 5-35 达到顶出温度的时间，零件

图 5-36 所示为翘曲的总变形。总体来说，产品的翘曲在 3 个方向都有，尤其在 X 和 Y 方向上的翘曲量最大。总的翘曲量为 0.6991。

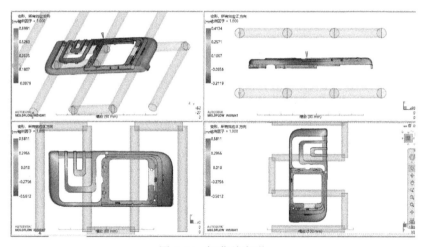

图 5-36 翘曲总变形

技术要点:

要想将翘曲变形的比例因子放大，可以在分析结果中利用鼠标右键单击某一变形，然后在弹出的快捷菜单中选择【属性】命令，在打开的【图形属性】对话框的【变形】选项卡中设置【比例因子】选项即可，如图 5-37 所示。

图 5-37 设置比例因子

（1）导致翘曲的冷却不均因素

图 5-38 所示为导致翘曲的冷却不均因素的图像。可以看出冷却因素对翘曲的影响是相对小的，总翘曲量仅为 0.0042。稍微改善下冷却系统设计就可以避免冷却因素导致的翘曲。

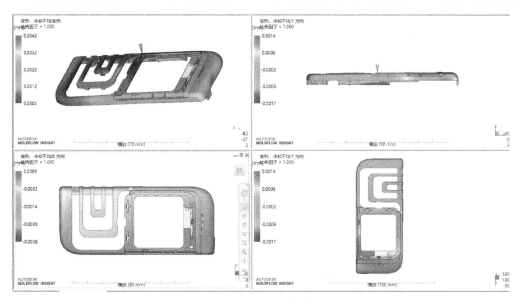

图 5-38　冷却因素的翘曲变形

（2）导致翘曲的收缩不均因素

图 5-39 所示为导致翘曲的收缩不均因素的图像，从图中可以看出，收缩不均因素对翘曲变形的影响是最大的。尤其在 X 方向的收缩最大，原因是浇口位置设计得不合理。物体有热胀冷缩的特性，这是正常的收缩，收缩不均就会导致制件变形，可设计保压曲线来解决此问题，也可更改模型的厚度，使模型的厚度尽量保持均匀。

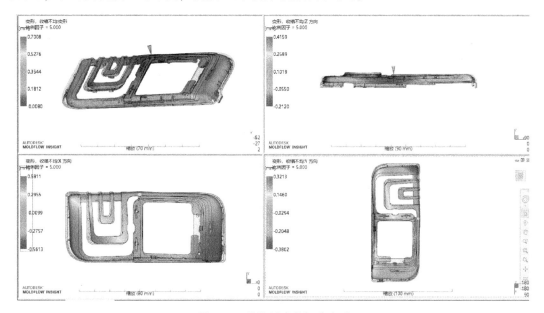

图 5-39　收缩因素的翘曲变形

📃 **技术要点：**

塑件产生过量收缩的原因包括射出压力太低、保压时间不足或冷却时间不足、熔融料温度太高、模具温度太高以及保压压力太低。

 知识链接：收缩与残留应力

塑料射出成形先天上就会发生收缩，因为从制程温度降到室温，会造成聚合物的密度变化，造成收缩。整个塑件和剖面的收缩差异会造成内部残留应力，其效应与外力完全相同。在射出成形时假如残留应力高于塑件结构的强度，塑件就会于脱模后翘曲，或是受外力而产生破裂。

残留应力（Residual Stress）是塑件成形时，熔融料流动所引发（Flow Induced）或者热效应所引发（Thermal Induced），而且冻结在塑件内的应力。假如残留应力高过于塑件的结构强度，塑件可能在射出时翘曲，或者稍后承受负荷而破裂。残留应力是塑件收缩和翘曲的主因，可以减低充填模穴造成之剪应力的良好成形条件与设计，也可以降低熔胶流动所引发的残留应力。同样地，充足的保压和均匀的冷却可以降低热效应引发的残留应力。对于添加纤维的材料而言，提升均匀机械性质的成形条件可以降低热效应所引发的残留应力。

（3）导致翘曲的取向因素

图 5-40 所示为导致翘曲的取向因素的图像，从图中可以看出，在 Z 方向的取向因素对制件的翘曲产生一定的影响，但不是主要的影响。可通过修改模具温度、溶体温度、注射速度、浇口位置（或浇口类型）、模型厚度等操作来解决。

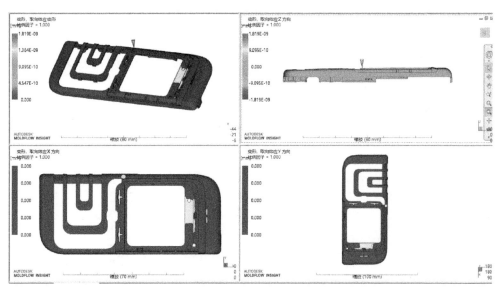

图 5-40　取向因素的翘曲

4. 结论

从初次按照 Autodesk Moldflow 理论值进行的分析结果可以得出如下结论。

1）流动前沿温度温差较大，冷却效果不太理想。

2）制件中发生严重滞流现象，导致产品短射。归因于肋太薄（仅 0.4mm 左右），而浇口又距离此肋太近，塑料流动到该处时受到极大阻力而停滞不前，滞流时间太长，温度急剧下降而迅速凝固。实际试模中用 GE PPE+PS+40%GF 的塑料可能勉强填满，但成型窗口很窄，仍可能会短射，对此应高度重视。

3）局部区域太厚，周围区域先行凝固而切断了保压回路，致使其得不到有效保压而发生严重缩水凹陷。

4）翘曲变形量较大，其中收缩不均因素为主要因素。

5.3 优化分析

> 针对初步分析的结论，为优化分析给出如下合理的建议。
> - 改善冷却效果，即改变冷却回路与制件之间的间距。
> - 因最佳浇口位置附近有筋，导致短射，因此需要改变浇口的位置，使浇口远离筋区域。

扫码看视频

- 前期分析时默认采用的是冷流道注塑成型，优化分析时设计好浇注系统，并设定其为热流道注塑成型，能够保证流动波前温度始终保持恒定。
- 针对【局部区域太厚而产生翘曲】的问题，由于产品已经定型，不能轻易改变其厚度，因此仍通过改善冷却系统和注塑成型工艺参数来减少产品缺陷。

1. 创建浇注系统

创建浇注系统的具体操作步骤如下。

01 在工程视窗复制【手机壳_方案（前期分析）】方案任务，然后将其重命名为【手机壳_方案（优化分析）】，如图 5-41 所示。再双击重命名的方案任务，激活此工程项目。

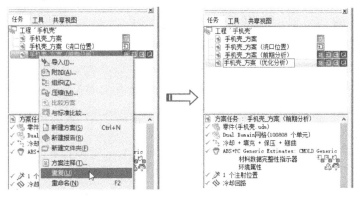

图 5-41 复制项目

02 虽然注射锥位置是最佳的浇口位置，但是偏离了产品对称中心线，会造成流动不平衡，严重时会导致短射、翘曲、注射时间过长烧焦等缺陷，因此要重新设置浇口位置。加强筋是造成短射的直接原因，因此浇口应设置在厚度较大的加强筋上。

💡 **知识链接：浇口的设置技巧**

因浇口的截面尺寸较小，如果正对宽度和厚度较大的型腔，则高速熔体因受较高的剪切应力，将产生喷射和蠕动等熔体破裂现象，在塑件上形成波纹状痕迹，或在高速下喷出高度定向的细丝或断裂物，造成塑件的缺陷或表面瑕疵。因此浇口应布置在有阻挡物（即让进入浇口后的塑料熔体冲击到阻挡物），例如本例模型设置在加强筋上，既有阻挡物，又不会直接喷射到外表面上，使塑料熔体稳定，减少喷射的概率。

---

03 删除默认创建的注射锥。单击【注射位置】按钮 🔹，在如图 5-42 所示的加强筋中间位置放置浇口注射锥（点浇口变为潜浇口）。

图 5-42　重新放置注射锥

💡 **知识链接：浇口设计的其他原则**

浇口设计的其他原则如下。

1）应有利于流动、排气和补料：当塑件壁厚相差较大时，在避免喷射的前提下，应把浇口开设在塑件截面最厚处，这样有利于补料。若塑件上有加强筋，则可利用加强筋作为流动通道。同时浇口位置应有利于排气，通常浇口位置应远离排气部位，否则进入型腔的熔体会过早封闭排气系统，致使型腔内气体不能顺利排出，而在塑件顶部形成气泡。

2）应使流程最短，料流变向最少，并防止细长型芯变形：在保证良好填充条件的前提下，为减少流动能量的损失，应使塑料流程最短，料流变向最少。要防止浇口位置正对细长型芯，避免型芯变形、错位和折断。

3）应有利于减少熔接痕和增加熔接强度：在流程不太长且无特殊需要时，一般不开设多个浇口，避免增加熔接痕的数量，但对底面积大而浅的壳体塑件，为减少内应力和翘曲变形可采用多点进料。对于轮辐式浇口可在料流熔接处的外侧开设冷料穴，使前锋冷料溢出，消除熔接痕。

4）应考虑分子定向对塑件性能的影响：高分子通常在流动方向和拉伸方向产生定向，可利用高分子的这种定向现象改善塑件的某些性能。如为使聚丙烯铰链几千万次弯折而不断裂，需在铰链处高度定向。因此，可将浇口开设正对铰链的位置，使之在流动方向产生定向，脱模后又立即弯折几次，使之在拉伸方向再产生定向，这样大大提高了铰链的寿命。

5）应尽量开设在不影响塑件外观的部位：浇口位置总会留下去浇口痕迹，故浇口位置应尽量开在不影响塑件外观的部位，如塑件的边缘、底部和内侧。特别是对外观质量要求高的塑件，更要考虑浇口的位置。

6）应满足熔体流动比：确定大型塑件的浇口位置时，应考虑塑料所允许的最大流动距离比。最大流动距离比是指熔体在型腔内流动的最大长度 L 与流道厚度 t 之比。

04 在功能区【几何】选项卡的【创建】面板中单击【流道系统】按钮，在弹出的【布局】对话框的第 1 页、第 2 页和第 3 页设置流道系统参数，如图 5-43、图 5-44 和图 5-45 所示。

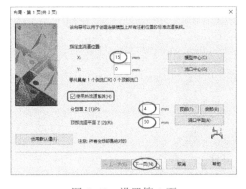

图 5-43　设置第 1 页

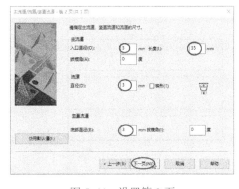

图 5-44　设置第 2 页

05 单击【确定】按钮，自动创建热流道浇注系统，如图 5-46 所示。

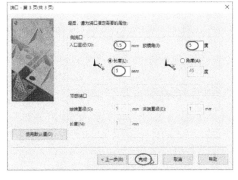

图 5-45　设置第 3 页

图 5-46　自动创建的浇注系统

2. 改善冷却回路设计

改善冷却回路设计的具体操作步骤如下。

01 在任务窗格中利用鼠标右键单击【冷却回路】项目并在弹出的快捷菜单中选择【回路向导】命令，重新打开【冷却回路向导–布局–第 1 页（共 2 页）】对话框。

02 在【冷却回路向导–布局–第 1 页（共 2 页）】对话框中更改【指定水管直径】和【水管与零件间距离】的值，如图 5-47 所示。

03 单击【下一步】按钮进入【冷却回路向导–管道–第 2 页（共 2 页）】对话框，在该对话框中按照如图 5-48 所示设置参数。最后单击【完成】按钮。

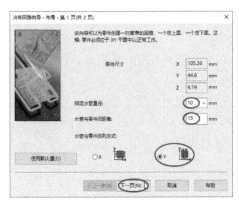

图 5-47 设置水管直径和间距

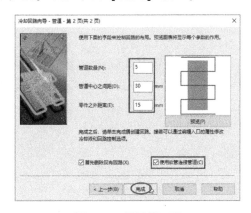

图 5-48 设置第 2 页

04 重新设计的冷却回路如图 5-49 所示。

图 5-49 重新设计的冷却回路

3. 重设置注射工艺参数

材料不同，其注射工艺参数设置也是不同的，具体操作步骤如下。

01 打开【工艺设置向导】对话框，设置第 1 页的工艺参数，根据 ABS+PC 材料跟模具温度和溶体温度的关系进行相应调整，将【注射+保压+冷却时间】改为【自动】，并单击【编辑目标顶出条件】按钮，在弹出的【目标零件顶出条件】对话框中编辑顶出条件参数，如图 5-50 所示。

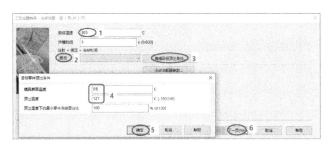

图 5-50　设置第 1 页

　　设置溶体温度时请参考第 4 章的表 4-1【常用塑胶材料的建议熔体温度与模具温度】中的建议值。ABS 的溶体温度建议值为 230℃，PC 溶体温度建议值为 305℃，这里取 305℃。

02　单击【下一步】按钮，设置第 2 页中的相关参数，之后单击【编辑曲线】按钮，如图 5-51 所示。

图 5-51　设置第 2 页

　　将【速度/压力切换】改为【由注射压力】控制。下面介绍注塑压力与塑件的关系。
塑件的形状、精度、所用原料的不同，选用的注射压力也不同，大致分类如下。
　　1）注射压力 70MPa，可用于加工流动性好的塑料，并且塑件形状简单，壁厚较大。
　　2）注射压力为 70MPa～100MPa，可用于加工黏度较低的塑料，并且形状和精度要求一般的塑件。
　　3）注射压力为 100MPa～140MPa，用于加工中高黏度的塑料，并且塑件的形状、精度要求一般。
　　4）注射压力为 140MPa～180MPa，用于加工较高黏度的塑料，并且塑件壁薄流程长、精度要求高。
　　5）注射压力＞180MPa，可用于高黏度塑料，塑件为形状独特，精度要求高的精密制品。

03 在弹出的【保压控制曲线设置】对话框中单击【绘制曲线】按钮，绘制保压曲线，如图 5-52 所示。

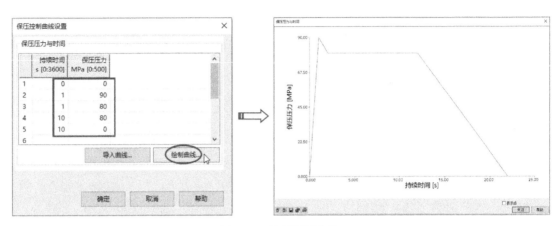

图 5-52　绘制保压曲线

技术要点：

在注塑过程将近结束时，螺杆停止旋转，只是向前推进，此时注塑进入保压阶段。保压过程中注塑机的喷嘴不断向型腔补料，以填充由于制件收缩而空出的容积。如果型腔充满后不进行保压，制件大约会收缩 25% 左右，特别是筋处由于收缩过大而形成收缩痕迹。保压压力一般为充填最大压力的 65% 左右，当然要根据实际情况来确定。

保压时间的长短由浇口冷却时间来决定，较长的保压时间能够保证浇口及时冷却。一般保压时间为 15s，但长形制件充填压力会受到损失，故保压时间可增加 10s ~ 30s 左右。设定保压压力和时间时要结合前面出现的问题，即制件的翘曲主要由收缩不均造成的，因此，保压曲线是时间变化曲线，应为【升压+恒压+衰减】状态。

04 工艺参数设置完成后关闭对话框。最后单击【开始分析】按钮 执行优化分析。

4. 优化分析的结果解析

这里仅将前面的初步分析与本次的优化分析作对比，以此得出较好的分析结果。

（1）流动分析——充填时间

图 5-53 所示为优化后的充填时间为 0.6226s，比工艺优化设置时的充填时间多 0.1226s（前面重设的注射时间为 0.5s）。从充填效果看，产品中的短射欠注缺陷已经得到解决。

（2）流动分析——速度/压力切换时的压力

图 5-54 所示为增加了注射压力后，浇口压力为 87.39MPa。图中浇口位置的注射压力在通过转换点后由 21.85MPa 降低为 0，进而由保压压力控制溶体继续填充型腔。从图中还可看出，注塑压力在 21.85MPa 时切换为保压压力，溶体在型腔中的占比在 85% ~ 90% 之间，这符合保压曲线的设定。

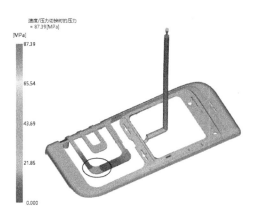

图 5-53　充填时间 图 5-54　速度/压力切换时的压力

（3）流动分析——达到顶出温度的时间

图 5-55 所示为整个产品从充填到顶出，所需的时间总共 23.35s，基本上跟工艺优化设置时的充填时间和保压时间吻合。

（4）流动分析——熔接线

不难发现，熔接线明显地减少了很多，主要存在于填充最后的区域，如图 5-56 所示。但最下端有一条比较明显的熔接线，这会影响外观，如果再次优化分析，可将浇口靠左侧移动一段距离，或者降低溶体温度和模具温度，减少注射时间，以此将熔接线位置右移至 BOS 柱处。

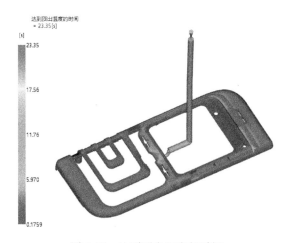

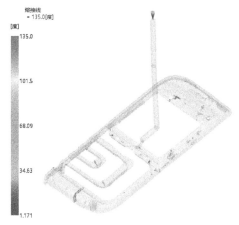

图 5-55　达到顶出温度的时间 图 5-56　熔接线

（5）冷却分析——回路冷却液温度

图 5-57 所示为冷却介质最低温度与最高温度之差仅约为 0.33℃，给模具的降温效果比之前要明显，说明改善后的冷却系统是成功的。

（6）达到顶出温度的时间，零件

图 5-58 所示为达到顶出温度的时间为 8.391s，热流道系统比冷流道系统的降温时间要多，这在合理范围中。

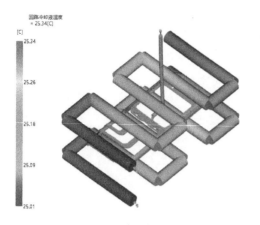

图 5-57 回路冷却液温度

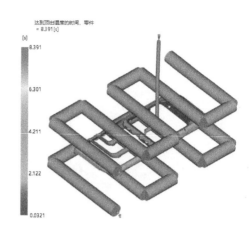

图 5-58 达到顶出温度的时间，零件

（7）翘曲分析——总翘曲变形

图 5-59 所示为翘曲的总变形。

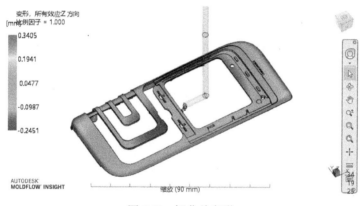

图 5-59 翘曲总变形

总体来说，产品的翘曲在 3 个方向都有，在 Z 方向上的翘曲量最大。总的翘曲量为 0.3405，比初步分析中的 0.6991（见图 5-36）有了非常明显的改善。没有完全改善的原因是注射压力与保压压力稍稍偏大，可根据实际情况进行调节。另外，产品中的小特征较多，降低了网格质量。读者可反复优化设置相关参数，以达到更加合理的模流分析效果。

第 **6** 章　时序控制模流分析案例

本章导读

　　随着中国汽车产业的迅猛发展，用户对大型注塑件外观质量的要求也是越来越高，就大型注塑模具来说，已经不再仅限于以流动、保压、冷却和注塑工艺等参数的严格控制来提高产品质量了，而更高的要求是完全消除熔接痕及熔体流动前沿交汇处的应力集中。从前一章的手机壳模流分析案例中我们可以了解到，以普通的冷浇口注塑成型方式无法保证制件的外观质量（熔接线难以消除），为此，引进针阀式热流道程序控制阀浇口的技术来解决这一难题。

　　在本章中，将利用 Autodesk Moldflow 针阀式热流道的时序控制技术，对某品牌汽车的后保险杠进行模流分析，主要目的是解决制件在充填过程中产生的熔接线问题。

6.1　案例介绍——汽车后保险杠模流分析

　　分析项目：某品牌汽车前保险杠。

　　产品 3D 模型图如图 6-1 所示。

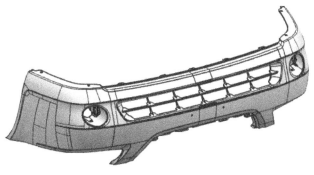

图 6-1　汽车前保险杠模型

6.1.1　设计要求

　　本案例的基本设计要求如下。

- 外形尺寸（长×宽×高）：1800mm×430mm×725mm。
- 产品壁厚：非均匀厚度，最大厚度为 4mm，最小厚度为 2.5mm。

其他设计要求如下。

1）材料：ABS。

2）缩水率：1.005。

3）外观要求：无明显熔接线。

4）模具布局：一模一腔。

6.1.2　关于大型产品的模流分析问题

一些大型的产品（如汽车塑胶件）在成型过程中经常会出现熔接线（如图 6-2 所示），严重影响产品外观质量，哪怕是通过电镀和喷漆也不能消除掉这样的成型缺陷，那么又该怎样通过 Autodesk Moldflow 进行准确分析，从而既能进行合理改善，又能解决实际工作中的问题呢？

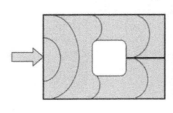

图 6-2　产品中的熔接线

在本例的汽车前保险杠的模流分析过程中，将采用两种方式进行模流分析：一种是采用普通热流道浇注系统执行模流分析；另一种是采用针阀式热流道浇注系统执行模流分析。

6.2　前期准备与分析

为了设计出合理的针阀式热流道浇注系统，需要进行前期准备、网格划分、工艺设置及最佳浇口位置分析等操作。

扫码看视频

6.2.1　前期准备

由于汽车前保险杠属于大件产品，在 Autodesk Moldflow 中分析时间比较长，在后续的分析中将减少一些步骤，突出解决熔接线的重点问题。

1. 新建工程并导入分析模型

新建工程并导入分析模型的具体操作步骤如下。

01　启动 Autodesk Moldflow，单击【新建工程】按钮，在弹出的【创建新工程】对话框中输入工程名称及保存路径后，单击【确定】按钮完成新工程的创建，如图 6-3 所示。

图 6-3　创建工程

02 在【主页】选项卡中单击【导入】按钮，在弹出的【导入】对话框中打开本案例源文件夹的【前保险杠 .stl】文件，如图 6-4 所示。

03 在弹出的要求选择网格类型的【导入】对话框中选择【双层面】类型作为本案例分析的网格，再单击【确定】按钮导入模型，如图 6-5 所示。

图 6-4　导入分析模型

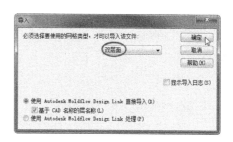

图 6-5　选择网格类型

04 导入的分析模型如图 6-6 所示。

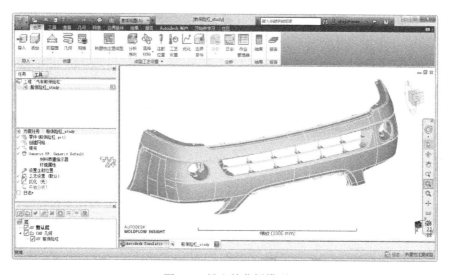

图 6-6　导入的分析模型

2. 网格创建与修复

创建与修复网格的具体操作步骤如下。

01 在【网格】选项卡的【网格】面板中单击【生成网格】按钮，将会弹出【生成网格】选项面板。

02 在【生成网格】选项面板中设置【全局边长】的值为 6，然后单击【网格】按钮，程序自动划分网格，结果如图 6-7 所示。

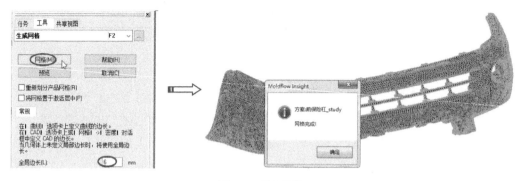

图 6-7 划分网格

03 在【网格诊断】面板中单击【网格统计】按钮🗒，然后在弹出的【网格统计】选项面板中单击【显示】按钮，系统自动对网格进行统计。单击该选项面板的🡥按钮，在弹出的【网格信息】对话框中显示当前网格存在 3 个完全重叠单元，需要修复，如图 6-8 所示。

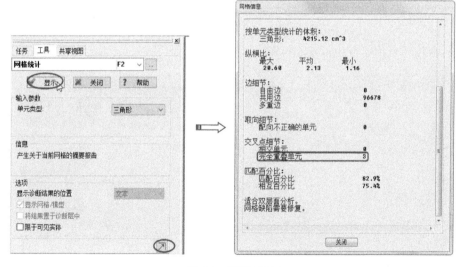

图 6-8 网格统计

04 在【网格】选项卡的【网格诊断】面板中单击【重叠】按钮🗹，在弹出的【重叠单元诊断】选项面板中勾选【将结果置于诊断层中】复选框，单击【显示】按钮，诊断重叠单元，如图 6-9 所示。

💬 **技术要点：**

修复重叠单元问题时，要放大显示重叠单元所在的区域，查看问题产生的原因，避免通过【合并节点】操作时产生更多网格问题。

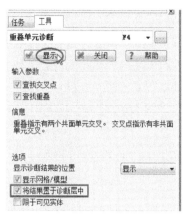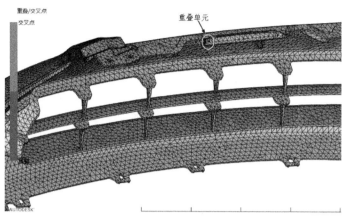

图 6-9　重叠单元诊断

05 通过查看重叠单元产生的原因，得知是因为某几个节点位置不对，使相关的网格
单元产生了自相交，如图 6-10 所示。

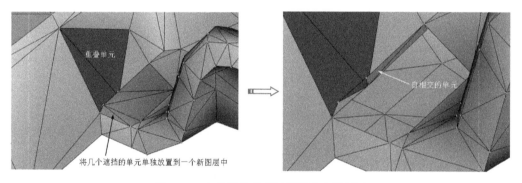

图 6-10　查看重叠单元问题所产生的原因

06 通过使用【合并节点】工具 合并节点，合并交叉单元的节点，达到消除重叠单
元的目的，如图 6-11 所示。

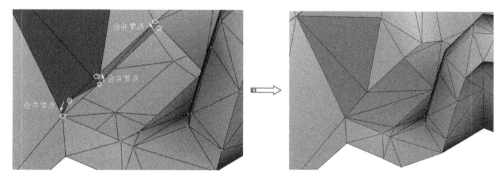

图 6-11　合并节点操作

07 单击【网格统计】按钮，重新统计网格，结果如图 6-12 所示。

图 6-12　重新统网格的结果

6.2.2　最佳浇口位置分析

最佳浇口位置分析的相关知识内容如下。

1. 选择分析序列

选择分析序列的具体操作步骤如下。

01 在工程视窗中复制【前保险杠_study】方案任务，并将其重命名为【前保险杠_study（最佳浇口位置）】。双击【前保险杠_study（最佳浇口位置）】方案任务进入该任务。

02 在【主页】选项卡的【成型工艺设置】面板中单击【分析序列】按钮，将会弹出【选择分析序列】对话框。

03 在【选择分析序列】对话框中选择【浇口位置】选项，再单击【确定】按钮完成分析序列的选择，如图 6-13 所示。

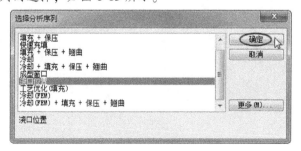

图 6-13　选择分析序列

2. 选择材料

选择材料的具体操作步骤如下。

01 在【成型工艺设置】面板中单击【选择材料】按钮 🔧，或者在任务视窗中单击
鼠标右键在弹出的快捷菜单中选择【选择材料】命令，均会弹出【选择材料】
对话框，如图 6-14 所示。

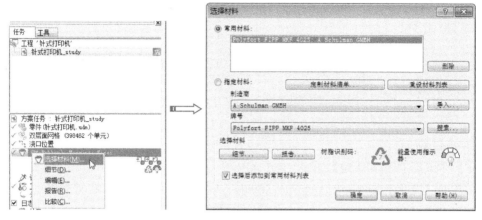

图 6-14　选择材料

02 在【选择材料】对话框的【常用材料】列表框中的材料简称 PP，为系统默认设
置的材料。而打印机外壳的材料为 ABS，因此需要重新指定材料。选中【指定材
料】单选按钮，然后再单击【搜索】按钮，将会弹出【搜索条件】对话框。

03 在【搜索条件】对话框的【搜索字段】列表框中选择【材料名称缩写】选项，
然后输入字符串 ABS，再单击【搜索】按钮搜索材料库中的 ABS 材料，如
图 6-15 所示。

图 6-15　指定搜索条件搜索材料

04 在弹出的【选择热塑性材料】对话框中按顺序排名来选择第 1 种 ABS 材料，然
后单击【选择】按钮确定所需材料，如图 6-16 所示。

05 将所搜索的材料添加到【指定材料】下拉列表中，如图 6-17 所示。最后单击
【确定】按钮完成材料的选择。

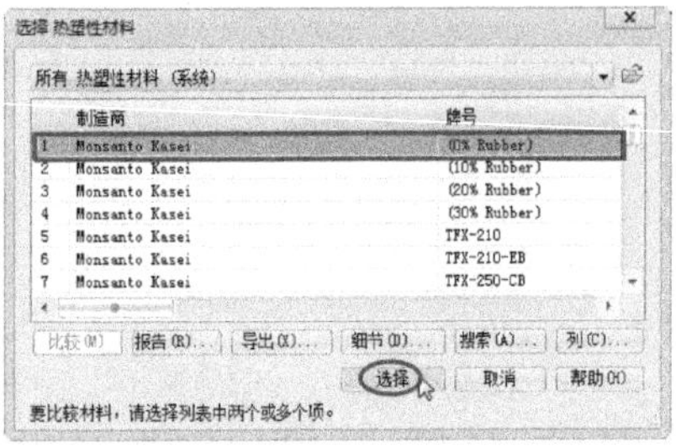

图 6-16　选择材料

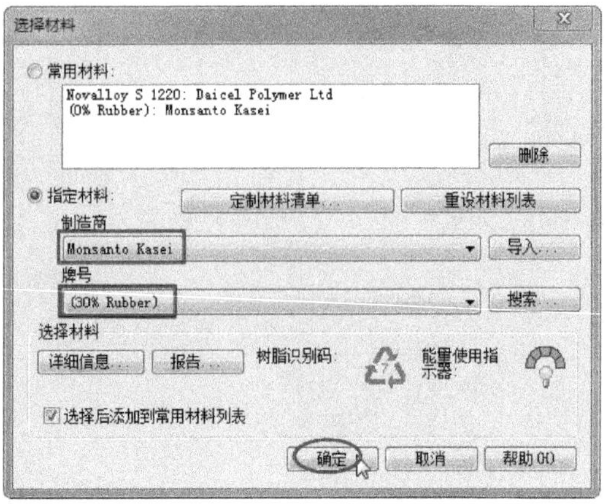

图 6-17　完成材料的选择

3. 工艺设置

工艺设置的具体操作步骤如下。

01 在【主页】选项卡的【成型工艺设置】面板中单击【工艺设置】按钮，将会弹出【工艺设置向导-浇口位置设置】对话框，如图 6-18 所示。

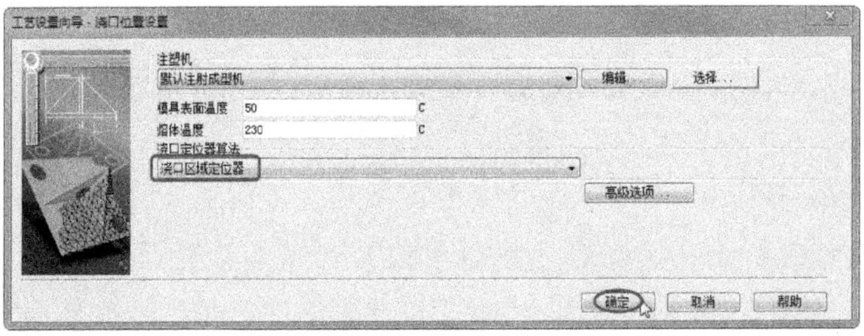

图 6-18　工艺参数设置

02 保留【工艺设置向导-浇口位置设置】对话框中默认的模具表面温度和熔体温度，选择【浇口区域定位器】选项，最后单击【确定】按钮完成工艺设置。

03 在【分析】面板中单击【开始分析】按钮，程序将会执行最佳浇口位置分析。经过一段时间的计算后，得出如图 6-19 所示的分析结果。

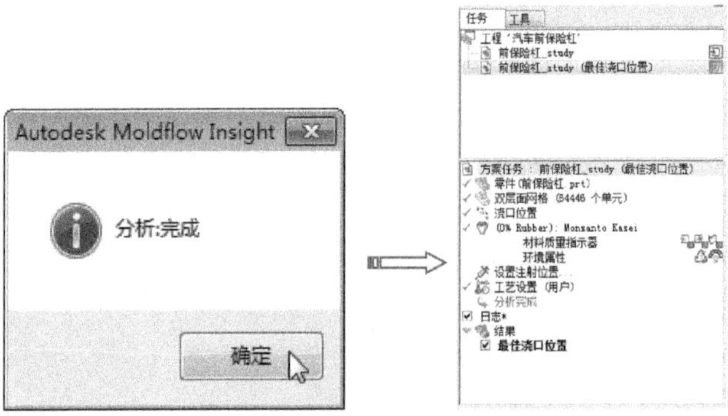

图 6-19　最佳浇口位置区域分析结果

04 在任务视窗中勾选【最佳浇口位置】复选框，查看最佳浇口位置，如图 6-20 所示，此时可见最佳浇口位置区域比较扩散，说明必须设计多浇口才能完成充填。

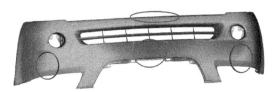

图 6-20　最佳浇口位置区域结果查看

05 重新执行最佳浇口位置分析。在【工艺设置向导–浇口位置设置】对话框中设置【浇口定位器算法】为【高级浇口定位器】，【浇口数量】为 3，如图 6-21 所示。

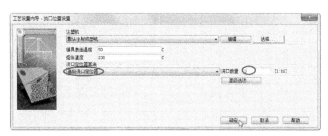

图 6-21　工艺设置

06 最佳浇口位置分析结果如图 6-22 所示。在接下来的普通热流道浇注系统设计时，将依据这个浇口位置分析结果进行创建。

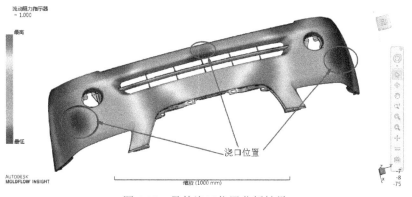

图 6-22　最佳浇口位置分析结果

6.3 初步分析（普通热流道系统）

通过对普通热流道系统的填充分析，注意观察前保险杠产品的熔接线问题。最佳浇口位置分析后自动创建了命名为【前保险杠_study（最佳浇口位置）（浇口位置）】方案任务，下面将以此方案任务为基础进行填充分析。

扫码看视频

浇注系统设计

本例汽车前保险杠模具的热流道浇注系统包括热主流道、热分流道和热浇口。浇口形式采用侧浇口设计，原因是表面不能留浇口痕迹。但不能采用潜伏式浇口设计，理由是产品尺寸非常大，若采用潜浇口，可能会因其直径小，不利于填充。因此，在创建浇口时会在适当位置创建，而不是在最佳浇口位置上创建。浇注系统设计的具体操作步骤如下。

> **技术要点：**
>
> 如果要分析流道平衡，就必须创建流道，因此仅放置注射锥只适合分流道尺寸相同的模具。没有创建流道，多浇口是不能够分析出各进胶点的射出量。

01 在工程视窗中修改【前保险杠_study（最佳浇口位置）（浇口位置）】任务的名称为【前保险杠_study（初步分析）】

02 在【几何】选项卡【创建】面板单击【创建直线】按钮 ╱ 创建直线，然后在模型中间位置的侧边上绘制长度 15mm 的直线，作为浇口直线，如图 6-23 所示。

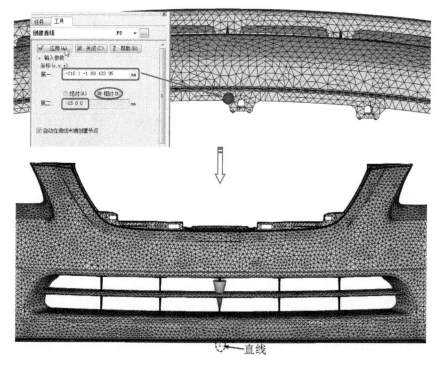

图 6-23　绘制直线

03 同理，按此方法在两端再创建两条长 15mm 的直线作为浇口直线，如图 6-24 所示。

04 选中一条浇口直线更改其属性类型为【热浇口】类型，如图 6-25 所示。

图6-24　再绘制两条浇口直线

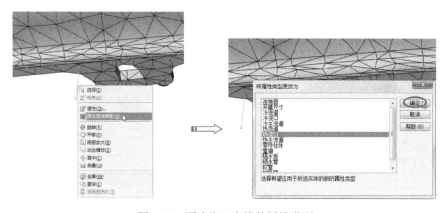

图6-25　更改浇口直线的属性类型

05 选中浇口直线再单击鼠标右键，在弹出的快捷菜单中选择【属性】选项命令设置浇口属性，如图6-26所示。

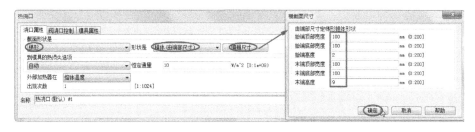

图6-26　设置中间浇口的浇口属性

06 同理，对另两条浇口直线也进行浇口属性的设置操作，如图6-27所示。

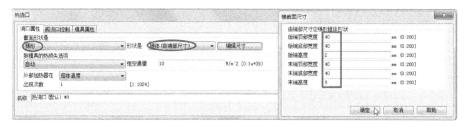

图6-27　设置两端浇口的浇口属性

07 绘制分流道直线。利用【创建直线】工具在 3 条浇口直线的末端继续绘制长度为 30mm 的分流道直线，如图 6-28 所示。

图 6-28 绘制 3 条分流道直线

08 绘制 Z 轴方向的 3 条分流道直线。3 条线的 Z 坐标值是相同的。创建方法是：先选取浇口线的端点作为分流道线的起点，复制起点的坐标值，粘贴到终点（第 2 点）文本框内，修改 Z 坐标值即可，如图 6-29 所示。

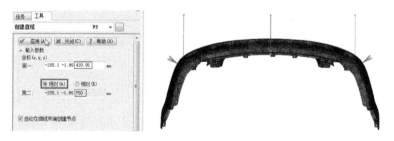

图 6-29 创建 3 条竖直分流道线

技术要点：

3 条分流道直线的端点 Z 坐标值都是相等的，保证高度完全一致。

09 绘制水平的分流道直线，如图 6-30 所示。

图 6-30 绘制水平的分流道直线

10 绘制两条水平分流道直线，如图 6-31 所示。

11 按 Ctrl 键选中所有分流道直线，修改其属性类型为【热流道】，如图 6-32 所示。

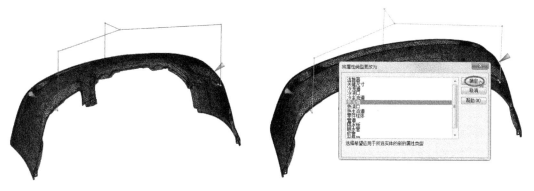

图 6-31 绘制两条分流道直线   图 6-32 修改分流道属性类型

12 设置所有分流道属性。设置分流道的横截面尺寸为 18mm，如图 6-33 所示。

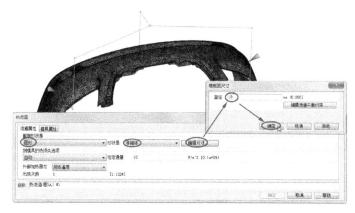

图 6-33 设置分流道属性

13 利用【创建直线】工具 ╱ 创建直线 创建长度为 80mm 的主流道直线，如图 6-34 所示。

14 为主流道直线设置属性类型，如图 6-35 所示。

图 6-34 绘制主流道直线   图 6-35 设置主流道直线的属性类型

15 对主流道直线设置属性，如图 6-36 所示。

图 6-36　设置主流道直线的属性

16 在【网格】选项卡中单击【生成网格】按钮，在【生成网格】选项面板中单击【立即划分网格】按钮，系统将会自动划分出主流道、分流道和浇口的网格，如图 6-37 所示。

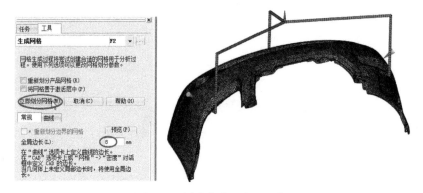

图 6-37　划分流道及浇口网格

17 浇注系统设计完成后还需要检测网格单元的流通性，保证浇注系统到产品型腔是畅通的。在【网格】选项卡的【网格诊断】选项面板中单击【连通性】按钮，框选所有网格单元。然后单击【连通性诊断】选项面板中的【显示】按钮，系统自检连通性，如图 6-38 所示。结果显示网格的连通性非常好。

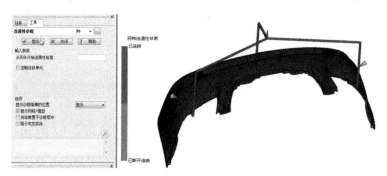

图 6-38　连通性检查

18 删除先前自动创建的浇口注射锥，单击【注射位置】按钮，重新在主流道顶部添加一个注射锥，如图 6-39 所示。

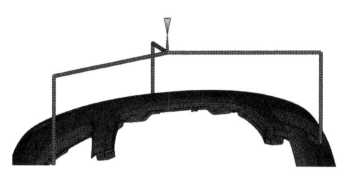

图 6-39 添加注射锥

6.3.2 工艺设置

工艺设置参数初步分析时尽量采用默认设置，具体操作步骤如下。

01 由于继承了前面分析的结果，因此不用再重新选择材料。单击【工艺设置】按钮
⚙，在弹出的【工艺设置向导–填充设置】对话框中编辑【填充压力与时间】类
型的保压控制曲线，如图 6-40 所示。

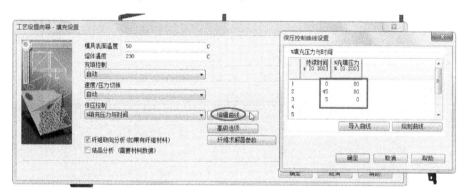

图 6-40 编辑保压控制曲线

02 单击【确定】按钮关闭对话框。

03 单击【开始分析】按钮，Autodesk Moldflow 启动填充分析。

6.3.3 结果解析

由于针对消除产品中的熔接线（熔接痕）进行分析，因此只选择了填充分析类型，分
析完成的时间大大缩短。下面只看两个重要的分析结果，从中可以判断热流道浇注系统设计
是否合理。

1. 熔接线

在【流动】的结果中查看【熔接线】分析结果，可以看到，制件中产生了大量、细长
的熔接线，这个分析结果严重地影响了产品的外观，浇注系统的设计不合理，如图 6-41
所示。

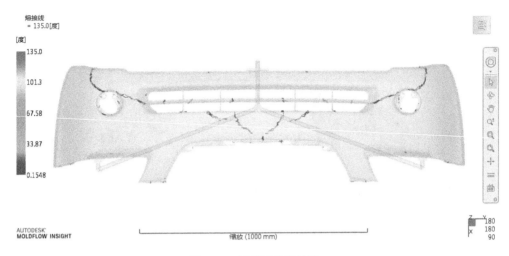

图 6-41　熔接线分析结果

2. 充填时间

查看填充时间的结果。在功能区【结果】选项卡的【动画】面板中可以看到熔融料填充的动画，从动画中很明显地看到 3 个浇口从不同方向充填型腔，在料流前锋交汇时产生了熔接线，如图 6-42 所示。

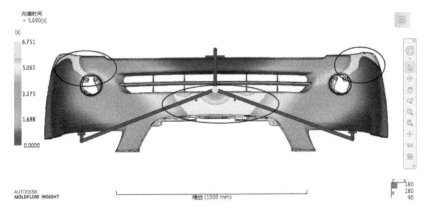

图 6-42　充填过程中熔接线产生的动画

3. 如何改善熔接线缺陷？

从图 6-42 的充填动画了解到，熔接线是料流前锋交汇时产生的。也就是说，3 个浇口在充填型腔时的填充压力是相等的，当料流前锋交汇后由于前进的动力是相同的，以及压强的作用力关系，导致料流前锋会立即停止运动，随着温度的降低就形成了清晰可见的熔接缝。熔接线不但影响着产品的外观质量，对产品的结构强度（耐用性）也是有较大影响的。

因此，在现有的浇注系统进行充填分析的情况下，要解决熔接线问题，理论上只能是一个浇口进行注射，对于小型制件来说可以解决此问题，但对于大型的汽车制件来说，一个浇口是不可能完成充填过程的，短射缺陷是肯定会存在的。

那么有没有好的方法来解决大型制件的熔接线问题呢？唯一的办法就是采用针阀式热流

道，针阀式热流道的阀浇口是一个开关阀，常用于热流道系统中以控制溶体流动前沿和保压过程，主要作用是消除熔接线。阀浇口也称作【顺序浇口】，其工作原理是，先打开第一个阀浇口，其他阀浇口则关闭，当料流前锋到达第二个阀浇口位置时才打开第二个阀浇口继续充填，这样顺着一个方向进行充填，就不会形成熔接线。

在接下来的优化分析过程中，改普通热流道注塑为针阀式热流道注塑。

6.4　改为针阀式热流道系统后的首次分析

针阀式热流道跟普通热流道的区别主要是热浇口位置添加了时序控制阀。其次，针阀式热流道的浇口与流道设计也有区别，下面接着讲针阀式热流道系统设计。

扫码看视频

6.4.1　针阀式热流道系统设计

设计针阀式热流道系统的相关知识内容如下。

1. 热流道与热浇口设计·

设计热流道与热浇口的具体操作步骤如下。

01 复制初步分析的方案任务，将其重命名为【前保险杠_study（时序控制）】。双击复制的任务进入方案任务中。

02 在图形区中删除 3 个热流道浇口及部分热流道的网格单元，暂时保留节点与曲线，如图 6-43 所示。

03 删除热流道曲线及节点，仅保留热浇口曲线及浇口位置的热流道曲线，如图 6-44 所示。

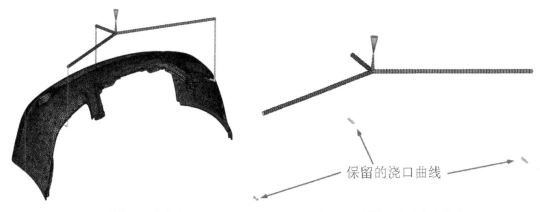

保留的浇口曲线

图 6-43　删除部分热流道与热浇口单元　　　　图 6-44　删除热流道曲线及节点

04 修改热浇口曲线及热流道曲线的属性类型及参数。选中一条热浇口曲线，单击鼠标右键在弹出的快捷菜单中选择【更改属性类型】命令，在弹出的【将属性类型更改为】对话框中选择【冷浇口】类型，单击【确定】按钮完成属性更改，如

图 6-45 所示。

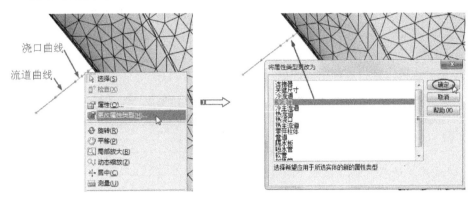

图 6-45 更改热浇口为冷浇口

05 按此操作将热流道曲线的属性也更改为【冷流道】，如图 6-46 所示。

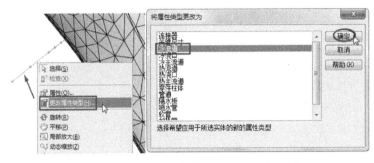

图 6-46 更改热流道曲线的属性为【冷流道】

06 选中冷浇口曲线，单击鼠标右键，在弹出的快捷菜单中选择【属性】命令，设置冷浇口的截面形状及截面尺寸，如图 6-47 所示。

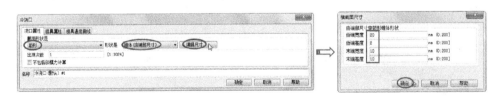

图 6-47 设置冷浇口截面形状及截面尺寸

07 选中冷流道曲线，设置其截面形状及截面尺寸，如图 6-48 所示。

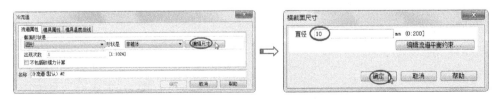

图 6-48 设置冷流道的截面形状及截面尺寸

08 同理，将其余两条热浇口曲线及相连的热流道曲线的属性也做相同的更改。截面形状与截面尺寸也都设置为相同尺寸。

09 在【几何】选项卡的【创建】面板中单击【曲线】|【创建直线】按钮／，创建竖直曲线，如图 6-49 所示。

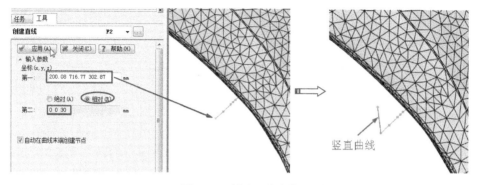

图 6-49　创建竖直直线

10 利用鼠标右键单击这条竖直线并在弹出的快捷菜单中选择【更改属性类型】命令，在弹出的【将属性类型更改为】对话框中设置属性为【冷流道】，如图 6-50 所示。

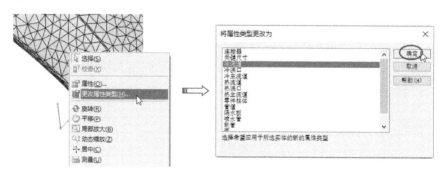

图 6-50　更改属性类型

11 再利用鼠标右键单击这条竖直线并在弹出的快捷菜单中选择【属性】命令，接着在弹出的【冷流道】对话框中设置其截面形状及截面尺寸（单击【编辑尺寸】按钮后在弹出的【横截面尺寸】对话框中进行尺寸设置），单击【确定】按钮完成设置，如图 6-51 所示。

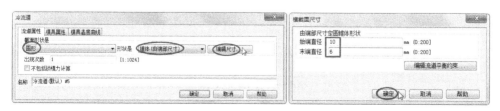

图 6-51　设置竖直冷流道的截面形状及截面尺寸

12 在这条竖直冷流道曲线的端点处向上绘制一段竖直的曲线，如图 6-52 所示。

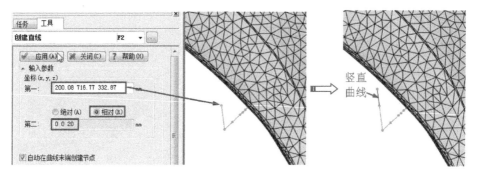

图 6-52　创建竖直曲线

13 更改这条竖直直线的属性为【热浇口】，设置其截面形状及截面尺寸，如图 6-53 所示。

图 6-53　设置热浇口的截面形状及截面尺寸

14 在这条热浇口曲线的端点处向上创建竖直曲线，此条曲线为热流道曲线，如图 6-54 所示。

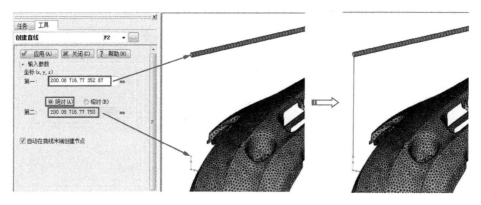

图 6-54　绘制热流道曲线

15 对这条曲线更改属性类型和属性，属性类型为【热流道】，设置热流道的截面尺寸如图 6-55 所示。

16 同理，完成另两处的冷流道、热浇口及热流道曲线的创建、属性类型更改及属性参数的设置等操作。

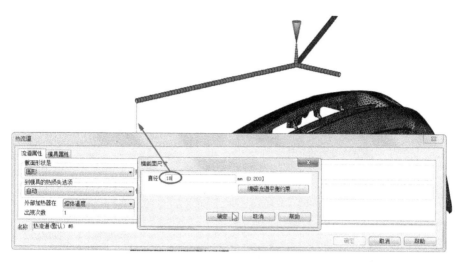

图 6-55　设置热流道曲线的属性参数

17 单击【生成网格】按钮，在【生成网格】选项面板中单击【立即生成网格】
按钮，系统将参照创建的冷/热浇口曲线、冷/热流道曲线创建网格单元，如
图 6-56 所示。

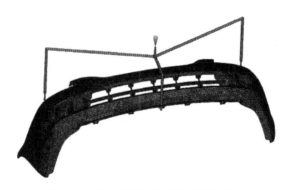

图 6-56　自动生成浇注系统的网格单元

技巧点拨

　　本例的前保险杠的形状比较特殊，中间有格栅设计，如果没有格栅，热浇口设计在
同一侧是最有效的解决方案。正是由于存在格栅设计，因此 3 个阀浇口还不能有效解决
熔接线问题，必须增加热浇口设计。

18 此时，需要增加 3 条热流道及阀浇口，使充填变得平衡，添加的热流道及热浇口
如图 6-57 所示。总共变成 6 条热流道进浇。增加的热流道与热浇口的设计过程请
参考前面几条热浇口的创建步骤，这里不再赘述。

2. 添加阀浇口控制器

阀浇口控制器只应用在普通热流道浇注系统中，对冷流道是没有作用的。阀浇口控制器
可以控制各个浇口的开启与关闭时间，达到顺序充填型腔消除熔接线的目的。

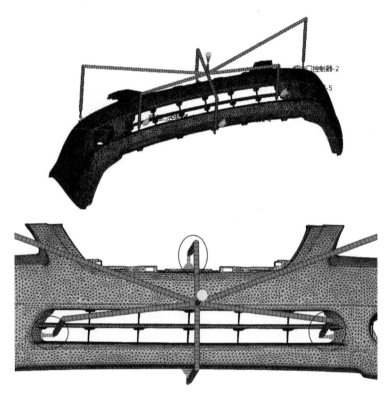

图 6-57 增加 3 条热流道及热浇口

阀浇口的时序控制不是一次两次就能达到最佳效果的，需要设计师仔细分析熔接线产生的具体原因，比如料流前锋是怎样运动的？热浇口开启与关闭的时间是否得当？热浇口的设计为主是否合理……诸多问题都是需要花费大量的时间重复运行分析后来解决的，为节约读者购书成本和学习时间，这里就不浪费大量篇幅展示所有分析流程了，只是把较接近于最佳效果的方案进行全面介绍。

本例前保险杠的模流分析中，浇口设计为 6 个，充填是平衡的。每一个浇口的充填时间是不同的，因此需要创建 6 个阀浇口控制器分别控制 6 个浇口，但是，一般情况是第一个热浇口在注塑前都是开启的，因此第一个热浇口可以省略阀浇口控制器，具体操作步骤如下。

01 在【边界条件】选项卡的【浇注系统】面板的【阀浇口控制器】命令菜单中单击【创建/编辑】按钮，将会弹出【创建/编辑阀浇口控制器】对话框，如图 6-58 所示。

02 在【创建/编辑阀浇口控制器】对话框中存在一个默认的阀浇口控制器，初始状态是打开，注塑时间从 0s~30s，差不多是从开始注塑到充填结束。但本例保险杠制件是大型制件，而且每一个阀浇口都不会同时开启，因此第一个热浇口不用阀浇口控制器。

03 将这个默认控制器更改部分选项及参数，以便用在第二个热浇口。双击默认创建的阀浇口控制器，打开【查看/编辑阀浇口控制器】对话框，如图 6-59 所示。

● 控制器名称：在该文本框中可以输入控制器的名称，最好带数字编号，这样在分析

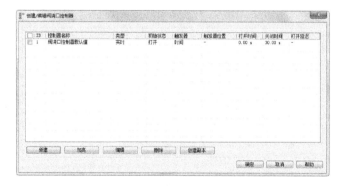

图 6-58 【创建/编辑阀浇口控制器】对话框

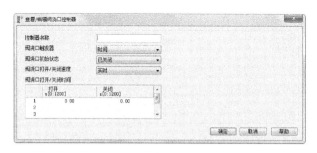

图 6-59 【查看/编辑阀浇口控制器】对话框

时查找阀浇口控制器比较方便。

- 阀浇口触发器：控制阀浇口打开的方式，包括时间、流动前沿、压力、%体积和螺杆位置 5 种。其中，使用较为普遍的是【时间】和【流动前沿】两种方式。对于小型制件，【时间】方式设置比较容易，通过设置每一个阀浇口的打开和关闭时间。但对于大型制件，【时间】方式显得极为麻烦，不容易控制时间，最好的方式是【流动前沿】。图 6-60 所示为【流动前沿】方式的设置界面。在【触发器位置】下拉列表中包含【浇口】与【指定节点】选项。【浇口】选项的含义是，当料流前锋抵达下一个阀浇口时，触发阀浇口控制器打开，这个选项仅适用于阀浇口直接用作点浇口的情况，侧浇口是不适用的，因为侧浇口通常是冷浇口。【指定节点】选项的含义是，当料流前锋抵达用户指定某一个节点时，触发下一个阀浇口控制器打开。

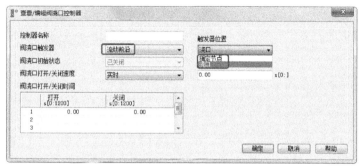

图 6-60 【流动前沿】方式的设置界面

- 阀浇口初始状态：阀浇口开始时处于打开状态还是已关闭状态。
- 阀浇口打开/关闭速度：某些阀浇口将在收到触发器后立即打开，其他阀浇口也可编程为以速度受控的方式打开。
- 阀浇口打开/关闭时间：仅用于确定阀浇口打开和关闭的时间。关闭时间一般保留默认时间 30s，如果要另外设置关闭时间，那么可以控制阀浇口控制器随时打开随时关闭。

04 在【查看/编辑阀浇口控制器】对话框中设置如图 6-61 所示的选项及参数，之后单击【确定】按钮关闭对话框。

图 6-61　设置第一个阀浇口控制器

技巧点拨

为什么第一个阀浇口控制器要设置打开时间呢？其实从产品结构中不难看出，在格栅的两侧，产品宽度是不一致的，一边宽一边窄。为了保持两侧的料流前锋能达到格栅的两端的热浇口，因此较窄一侧热浇口的注射时间稍晚于较宽一侧的热浇口。

05 单击【新建】按钮，创建第二个阀浇口控制器，如图 6-62 所示。

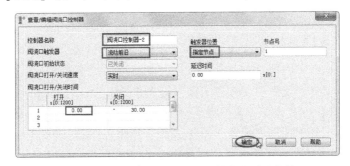

图 6-62　设置第二个阀浇口控制器选项及参数

06 同理，依次创建出编号为 3、4、5 的阀浇口控制器，如图 6-63 所示。

图 6-63　依次创建出其余阀浇口控制器

07 图 6-64 所示为从中间往两边注射熔融体，不易产生影响产品结构强度的较大熔接线。

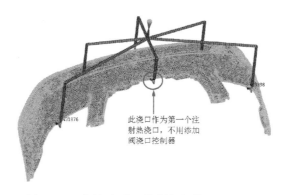

图 6-64　不添加阀浇口控制器的第一个热浇口

08 指定相对的热浇口作为使用阀浇口控制器的第一个浇口，放大显示该热浇口，选中热浇口的第一个单元并单击鼠标右键，在弹出的快捷菜单中选择【属性】命令。之后在弹出的【编辑锥体截面】对话框中选中【仅编辑所选单元的属性】单选按钮，再单击【确定】按钮，如图 6-65 所示。

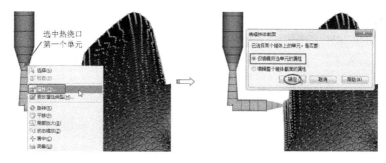

图 6-65　设置热浇口单元的属性

> **技巧点拨**
>
> 　　只能选中热浇口的其中一个单元来编辑属性，不能 3 个浇口单元都选，否则会影响阀浇口控制器的控制。此外，【编辑锥体截面】对话框中的【编辑整个锥体截面的属性】单选按钮适用于所有浇口只用了一个阀浇口控制器的情况。

09 在弹出的【热浇口】对话框的【阀浇口控制】选项卡中选择【阀浇口控制器–1】的阀浇口控制器，单击【确定】按钮完成阀浇口控制器的添加，如图 6-66 所示。

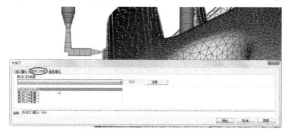

图 6-66　添加阀浇口控制器

10 同理，依次添加其余热浇口的阀浇口控制器，添加完成的阀浇口控制器如图 6-67 所示。

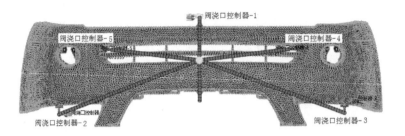

图 6-67　添加完成的阀浇口控制器

3. 指定流动前沿的节点位置

在创建阀浇口控制器时我们设定了流动前沿的触发器，需要指定触发器的节点位置。第一个阀浇口控制器不用指定触发器节点位置，因为前面设定的是【时间】触发器。指定流动前沿节点位置的具体操作步骤如下。

01 设置第二个阀浇口控制器的触发器节点位置。在【几何】选项卡中单击【查询】按钮 🔍 查询，在冷浇口靠近制件中间的一侧选取一个节点，查询其节点编号，如图 6-68 所示。复制该节点编号以备后用（仅复制数字，字母 N 不要复制）。

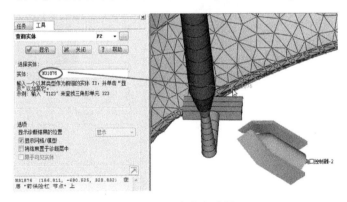

图 6-68　查询节点编号

──── 🔖 技巧点拨 ────

大家在选择节点时可能跟笔者所选的不同，因此不会强制要求必须选取跟笔者相同的节点。

02 在图形区中双击【阀浇口控制器-2】阀浇口控制器，在弹出的【查看/编辑阀浇口控制器】对话框中将复制的节点编号（数字）粘贴到【节点号】文本框中，单击【确定】按钮完成触发器节点位置的设置，如图 6-69 所示。

03 【阀浇口控制器-3】阀浇口控制器的触发器节点位置如图 6-70 所示。

04 【阀浇口控制器-4】阀浇口控制器的触发器节点位置如图 6-71 所示。

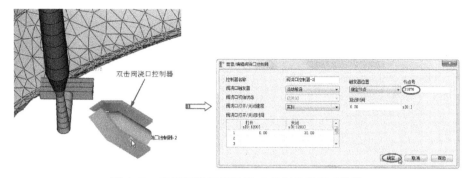

图 6-69　设置阀浇口控制器-2 的触发器节点位置

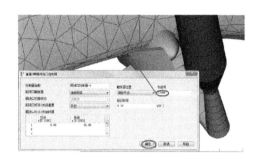

图 6-70　阀浇口控制器-3 触发器节点

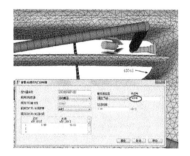

图 6-71　阀浇口控制器-4 触发器节点

05【阀浇口控制器-5】阀浇口控制器的触发器节点位置如图 6-72 所示。

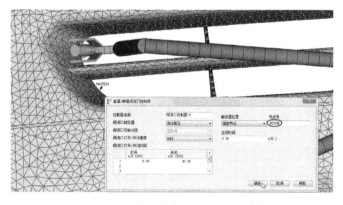

图 6-72　阀浇口控制器-5 触发器节点

6.4.2　结果解析

结果解析的相关知识内容如下。

1. 工艺设置

添加了阀浇口控制器以后，注射时间必须要指定，不能使用系统的【自动】时间。工艺设置的具体操作步骤如下。

01　单击【工艺设置】按钮，在弹出的【工艺设置向导-填充设置】对话框中设置如图 6-73 所示的工艺参数。

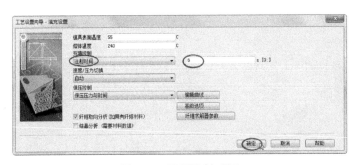

图 6-73　设置注射时间

02　单击【开始分析】按钮，运行填充分析。

2. 分析结果解读

分析结果解读的相关知识内容如下。

（1）熔接线

在【流动】的结果中查看【熔接线】分析结果，可以看到，制件中有 3 处位置产生了较为明显的熔接线，如图 6-74 所示。产生的熔接线恰恰是在前保险杠的表面上，必须改进阀浇口控制器或者改善流道设计。

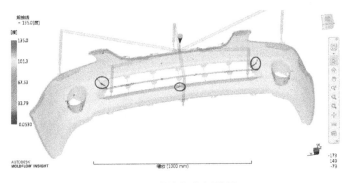

图 6-74　熔接线分析结果

（2）充填时间

查看填充时间的结果。在功能区【结果】选项卡的【动画】面板中可以查看熔融料填充动画，从动画中很明显地看到由于没有控制好充填的时机，使部分料流前锋倒灌进冷浇口中冷凝，造成正常的注射堵塞，如图 6-75 所示。

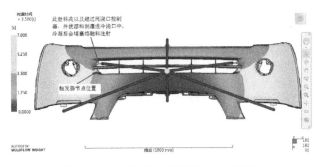

图 6-75　充填过程中熔接线产生的动画

同时可见两股料流前锋的汇合还形成了熔接线,如图 6-76 所示。虽然如此,所产生熔接线还是比先前普通热流道系统注射时的熔接线要少、要小。

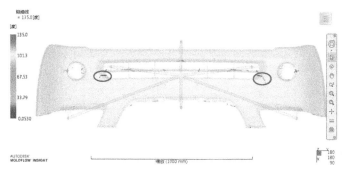

图 6-76　形成的熔接线

只要是多浇口,熔接线是肯定要产生的,读者要关注的是"如何让熔接线产生在不影响外观质量的区域中"这个问题。

6.5　熔接线位置优化

扫码看视频

从如图 6-75 所示的充填动画中可以看到,前保险杠窄边的料流先于宽边料流到达阀浇口 4 和阀浇口 5 的浇口位置,这是产生熔接线在产品外观明显位置上的最大原因,如果能将熔接线产生在格栅、车灯孔内、制件周边等位置上,就不会影响产品外观质量和结构强度。

经过经验积累,缩短窄边料流的推进速度是解决的唯一解决方案。

下面有两种方法可以尝试(可单一使用,也可以结合使用)。

- 改变【阀浇口控制器-1】的热流道直径。
- 更改【阀浇口控制器-1】阀浇口控制器的开启时间。

6.5.1　改变热流道直径

改变热流道直径的具体操作步骤如下。

01 在工程任务视窗中复制【前保险杠_study(时序控制)】方案任务,并将其重命名为【前保险杠_study(时序控制)(优化)】。双击重命名的方案任务进入到该任务中,

02 删除【阀浇口控制器-1】的热流道网格单元,保留节点和曲线,如图 6-77 所示。

03 编辑热流道曲线的属性,设置热流道的截面直径尺寸为 12,如图 6-78 所示。

04 单击【生成网格】按钮生成热流道曲线部分的网格单元,如图 6-79 所示。

05 稍稍调整【阀浇口控制器-4】与【阀浇口控制器-5】的阀浇口控制器触发器节点位置。图 6-80 所示为【阀浇口控制器-4】的触发器节点位置。

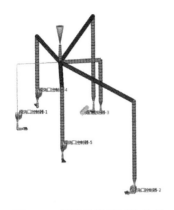

图 6-77　删除热流道网格单元

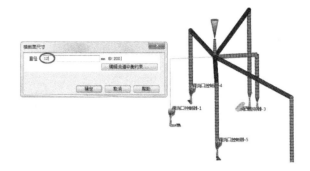

图 6-78　设置热流道截面的直径尺寸

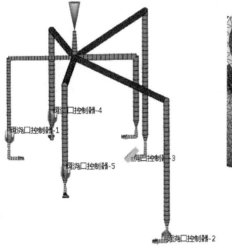

图 6-79　生成热流道曲线的网格单元

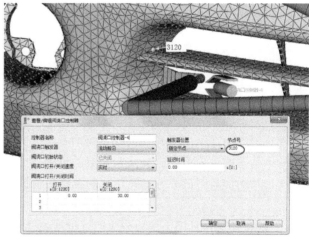

图 6-80　调整触发器节点位置

06 图 6-81 所示为【阀浇口控制器-5】的触发器节点位置。

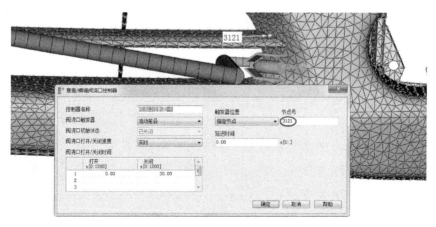

图 6-81　【阀浇口控制器-5】的触发器节点位置

6.5.2 运行分析与结果解析

解读运行分析与结果的具体操作步骤如下。

01 单击【开始分析】按钮，运行填充分析。

02 完成填充分析后，查看熔接线和填充时间结果。

03 图 6-82 所示为熔接线分析结果图，图中显示熔接线主要产生在制件周边、格栅中间及孔内，周边及孔内的熔接线被装配后是看不见的，中间格栅位置的熔接线较少，不会影响制件结构强度，这得益于对热流道的改善。

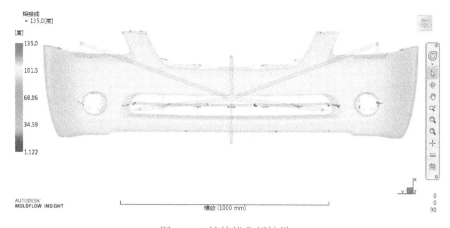

图 6-82　熔接线分析结果

04 图 6-83 所示为充填动画，从中可以明显地看到，两股料流的推进速度基本相当，料流前锋交汇时产生的角度也是增大了不少。一般来说交汇角度越大熔接线越短，反之熔接线越长越明显。

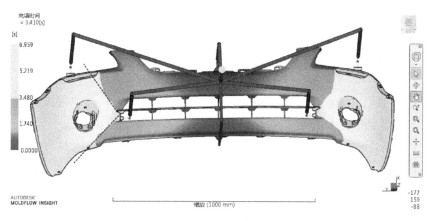

图 6-83　充填动画

05 如果要达到更佳的效果，热流道直径还可以进行相关调整，使用的方法都差不多，余下的优化操作感兴趣的读者可自行完成。

第7章

重叠注塑成型模流分析案例

本章导读

二次成型工艺是指热塑性弹性体通过熔融黏附结合到工程塑胶的一种注塑过程。相比利用第三方材料黏接，二次成型工艺使过程更快，更符合成本效益。因此，已被广泛用于塑胶结构设计。本章将以塑料扣双色注塑成型为例，详细介绍 Autodesk Moldflow 重叠注塑成型（双色注塑成型）分析的应用过程。

7.1 Autodesk Moldflow 二次注塑成型工艺概述

在二次注塑成型时，软硬段的表面软化、外层弹性体的分子扩散和工程塑料，它们之间必须相互兼容，也就是说它们不能拒绝对方的分子。随着分子流动性的增加，两种材料的分子相互扩散，产生融化附着力。最终在表面层网络形成一个有凝聚力的键。

在 Autodesk Moldflow 中，二次注塑成型分重叠注塑成型、双组份注塑成型和共注塑成型三种，它们的区别如下。

- 重叠注塑成型：双色注塑机，两个料筒，两个喷嘴，两幅模具。
- 双组份注塑成型：双组份注塑机，两个料筒，两个喷嘴，一副模具（有时也会设计两幅模具）。
- 共注塑成型：共注射注塑机，两个料筒，一个喷嘴，一副模具。

7.1.1 重叠注塑成型（双色成型）

重叠注塑（双色成型）是一种注塑成型工艺，其中一种材料的成型操作将在另一种材料上执行。重叠注塑的类型包括二次顺序重叠注塑和多次重叠注塑。

Autodesk Moldflow 重叠注塑适用于中性面、双层面和 3D 实体网格。

重叠注塑分析分 2 个步骤：首先在第一个型腔（第一次注塑成型）上执行填充+保压分析，然后在重叠注塑型腔（第二次注塑成型）上执行填充+保压分析。

图 7-1 所示为重叠注塑成型的流程示意图。

对于图 7-1 各编号标注的说明如下。

1）注射第一个零部件（蓝色）之后，整个模具型腔旋转 180°，第一个零部件（蓝色）将旋转至下方准备进行重叠注射，随后关闭模具。

2）同时注射上方的第一个零部件（蓝色）和重叠注射下方的第二个零部件（见标识）。

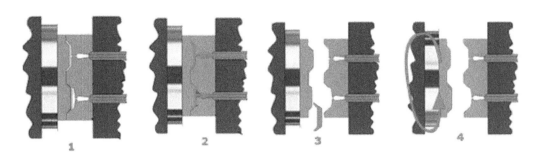

图 7-1 重叠注塑成型过程

3）此时模具将打开，已完成重叠注射的成型零件会从下方的型腔中顶出，而第一个零部件的流道及浇口将被自动切断。

4）循环进行编号 1 的操作，继续完成第一个零部件和第二个零部件的重叠注射。

双色注塑机有两个料筒和两个喷嘴，如图 7-2 所示。

图 7-2 双色注塑机

重叠注塑工艺主要应用在双色注塑模具和包胶模具。

1. 双色注塑模具

双色注塑模具是将两种不同颜色的材料在同一台注塑机（双色注塑机）上进行注塑，分两次成型，但最终一次性的将双色产品顶出。图 7-3 为双色注塑示意图，图中的 1 浇注系统负责注塑 A 型腔，2 浇注系统负责注塑 B 型腔。图 7-4 所示为双色注塑产品。

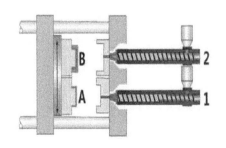

图 7-3 双色注塑

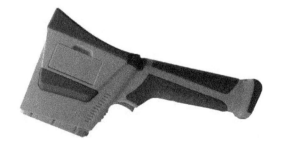

图 7-4 双色注塑产品

双色注塑是指利用双色注塑机，将两种不同的塑料在同一机台注塑完成部件，这种方式适用范围广、产品质量好且生产效率高，是目前的主流趋势。

常见的旋转式双色模具，注塑成型时通常是共用一个动模（后模）、通过交换定模（前模）来完成的。图 7-5 所示为双色注塑模具的共用动模和两次成型定模。

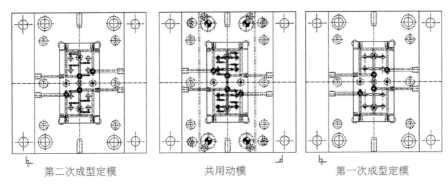

第二次成型定模　　　　　共用动模　　　　　第一次成型定模

图 7-5　双色注塑模具的共用动模和两次成型定模

技术要点：

所谓的"双色"，除了颜色不同，其材质也是不同的。一般为硬质材料和软质材料。

因此在设计双色模具时，必须要同时设计两套模具，通常是两个型腔不同的定模和两个型腔相同的动模。在注塑生产时，两套模具同时进行生产，第一次注塑完成后动模旋转 180° 后与第二型腔的定模构成一套完整的模具完成第二次注塑。

图 7-6 是双色手柄的完整双色注塑模具。

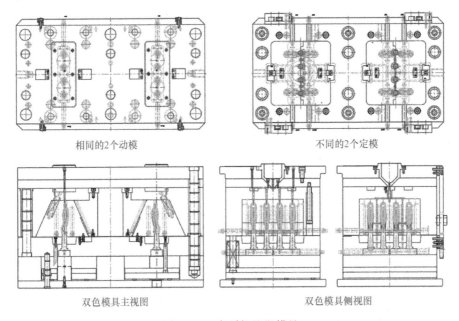

相同的 2 个动模　　　　　　　　　　　不同的 2 个定模

双色模具主视图　　　　　　　　　　　双色模具侧视图

图 7-6　双色手柄注塑模具

双色注塑模具的特点如下。

1）为使模具装在回转板上能作回转运动，模具最大高、宽尺寸应保证在格林柱内切圆

直径 $\phi750mm$ 范围内。当模具用压板固定于回转板上时，模具最大宽度为 450mm，最大高度（长度）为 590mm。另外，也为满足模具定位和顶出孔位置尺寸的要求，模具最小宽度为 300mm，最小高度（长度）为 400mm，如图 7-7 所示。

2）由于注塑机的水平、垂直注射喷嘴端面为平面结构，模具唧嘴（主流道入口）须满足平面接触，如图 7-8 所示。

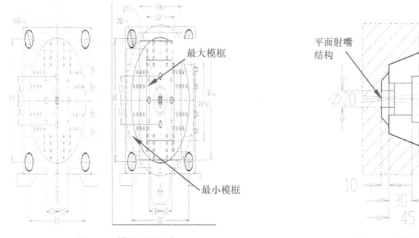

图 7-7　模具的尺寸　　　　　　　　图 7-8　模具唧嘴

3）注意保证模具定位和顶出的中心位置尺寸为 120±0.02mm。

4）双色模具，若两种材料的收缩率不同，其模具型腔的缩放量也不一致。当进行第二次注射时，第一次成形的胶件（制品）已收缩，因此模具第二次成形的封胶面应为胶件实际尺寸，亦可减小（单边）0.03mm 来控制封胶。

5）模具二次成形的前模型腔，注意避空非封胶配合面，避免夹伤、擦伤第一次注射已成形的胶件表面。图 7-9 所示为避免夹伤的设计，图 7-10 所示为避免擦伤的设计。

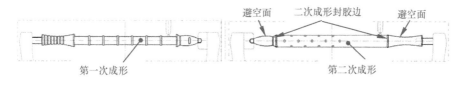

图 7-9　避免夹伤的设计

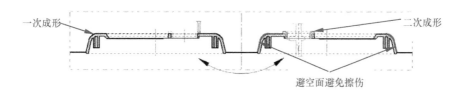

图 7-10　避免擦伤的设计

6）避免两胶料接合端处锐角接合。当出现锐角接合时，因尖锐角热量散失多，不利于两胶料熔合，角位易脱开，如图 7-11 所示。

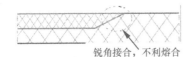
锐角接合，不利熔合

端角位角度大，有利熔合

图 7-11　避免两胶料接合端处锐角接合

2. 重叠注塑对双色模型的要求

通过 Autodesk Moldflow 分析可以预测出双色产品的填充情况，压力、温度、结合线困气位置、表面收缩，以及产品相互黏合及变形情况，帮用户及时地避免双色成型中的风险。

对于中性面网格的要求如下。

- 确保两个模型的网格质量要好。
- 网格宽度与厚度的比例控制在 4∶1 以内。
- 两个成分的产品网格需要相互交叠。
- 两个成分的网格需要相互交叠（不能有间隙，否则无法进行热传导计算）。
- 两个模型的属性设定。

对于 3D 实体网格的要求如下。

- 两者皆为简单结构的模型。
- 两个成分的产品网格需要相互交叠。
- 元素的属性设定（如有热流道要控制在第二色）。

3. 重叠注塑的材料

重叠注塑的基本思路是将两种或多种不同特性的材料结合在一起，从而提高产品价值。第一种注入材料称为基材或者基底材料，第二种注入材料称为覆盖材料。

在重叠注塑过程中，覆盖材料注入基材的上方、下方、四周或者内部，组合成为一个完整的部件。这个过程可通过多次注塑或嵌入注塑完成。通常使用的覆盖材料为弹性树脂。

重叠注塑的两种塑性材料的选择应注意其接合效果，常用各胶料组合如表 7-1 所示。

表 7-1　两种塑性材料组合

材料	ABS	PA6	PA66	PC	PE-HD	PE-LD	PMMA	POM	PP	PS-GP	PS-HI	TPU	PVC-W	PC-ABS	SAN
ABS	1			1	Y	Y	1		Y	Y	Y	1	1	1	1
PA6		1	1	2	3	2			2	Y	Y	1			
PA66		1	1		2	2			2	Y	Y	1			
PC	1		2	1	Y	Y	2		Y	Y	Y	1	1	1	1
PE-HD	Y	2	2	Y	1	1	2	2	Y	Y	Y	Y	2	Y	Y
PE-LD	Y	2	2	Y	1	1	2	2	1	Y	Y	Y		Y	Y
PMMA	1			2	2	2	1		2	Y	Y		1		1
POM				2	2			1	2	Y	Y				
PP	Y	2	2	Y	Y	1	2	2	1	Y	Y	Y	2	Y	Y
PS-GP	Y	Y	Y	Y	Y	Y	Y	Y	Y	1	Y	Y	2	Y	Y
PS-HI	Y	Y	Y	Y	Y	Y	Y	Y	Y	Y	1	Y	2	Y	Y
TPU	1	1	1	1	Y	Y			Y	Y	Y	1	1		1

（续）

材料	ABS	PA6	PA66	PC	PE-HD	PE-LD	PMMA	POM	PP	PS-GP	PS-HI	TPU	PVC-W	PC-ABS	SAN
PVC-W	1			1	2		1		2	2	2		1	1	1
PC-ABS	1			1	Y	Y			Y	Y	Y		1	1	1
SAN	1			1	Y	Y	1		Y	Y	Y	1	1	1	1

说明：1)【1】良好组合；【2】较好组合；【Y】较差组合。2) 其余空白无组合。

7.1.2 双组份注塑成型（嵌入成型）

在 Autodesk Moldflow 中嵌入成型（或【插入成型】）也叫双组份注塑成型。嵌入成型模具俗称【包胶模具】，包胶模具有软胶包硬胶和硬胶包软胶两种包胶模式。常见的包胶模式是软胶包硬胶，例如电动工具外壳壳体、牙刷柄、插线板和卷尺外壳等，如图 7-12 所示。

图 7-12　常见包胶产品

1. 角式注塑

角式注塑机见图 7-13。该类注塑机有两个注射机构（料筒），并在水平面或垂直面成一定夹角分布。根据需要可以按照同时或先后的顺序将两种原料注入同一副模具内。

这种注塑方法可在一台双组份注塑机上，利用一副模具实现双组份注塑的效果。

同副模具内分硬料腔和软料腔。第一模注射时，副料筒关闭，只进行主料筒的硬料注射。完成后，将硬料部分放入软料腔内，从第二模开始主、副料筒同时注射，完毕后，从软料腔脱模的零件即为成品，从硬料腔脱模的产品再放入软料腔内循环进行生产，如图 7-13 所示。

软料模腔

硬料模腔

1) 成型硬材料　　　　　2) 将硬料放入软料模腔内　　　　　3) 成型软材料

图 7-13　角式注塑

2. 两次注塑

这是一种最简单的双组份成型方法，只需两台常规的注塑机，但同时要两副模具（分别成型硬料部分和软料部分）。先成型硬料部分制件，再将该制件作为嵌件放入软料模内，完成软料成型，如图 7-14 所示。

图 7-15 所示为利用两次成型工艺完成的电动工具外壳产品。两次注塑的优点在于对设备的依赖程度较小，利用普通注塑机即可实现双组份注塑的效果。缺点是要同时开制两副模具，生产周期为常规注塑的两倍，不适合较大体积产品的生产。

图 7-14　两台常规注塑机

1) 成型硬材料

2) 作为嵌件放入软料模内

3) 成型软材料

图 7-15　电动工具外壳产品

3. 嵌入成型注塑材料

单一的原材料在性能上往往都有一些缺陷，利用嵌入成型注塑可以达到两种原料之间的优点互补，得到性能更加优良的产品。

嵌入成型注塑工艺与普通注塑相比基本相同，同样分为：注射–保压–冷却；不同之处在于在短时间内先后实现了两次注塑成型过程。两种原料能有效地黏合在一起。

嵌入成型注塑中采用的原料要求相互之间必须要有较强的黏合强度，才能保证不会出现原料结合处开裂、脱落等缺陷。

常见的嵌入成型注塑材料之间的黏合强度如表 7-2 所示。

表 7-2　双组份注塑材料组合之间的黏合强度

材料	ABS	ABS/PC	ASA	CA	EVA	PA6	PA66	PBT	PC	HDPE	LDPE	PMMA	POM	PP	PPO	PS	TPEE	TPU
ABS	1	1	1	1					1	1	Y	Y	1		Y	Y	Y	Y	1
ABS/PC	1	1	1							1	Y	Y			Y	Y	Y	Y	1
ASA	1	1	1	1	1					1	Y	Y	1		Y	Y	Y		1
CA	1		1	1	2						Y	Y			Y	Y	Y		
EVA			1	2	1						1	1			1		1		Y
PA6						1	1			2	2	2			2		Y	Y	1
PA66						1	1	1	2	2	2	2			2		Y	Y	1
PBT							1	1	2						Y			1	1
PC	1	1	1					2	1	1						Y	1	1
HDPE	Y	Y	Y	Y	1	2	2		Y	1	1		2	2	Y		Y	Y	Y
LDPE	Y	Y	Y	Y	1	2	2		Y	1	1		2	2	1		Y	Y	Y

（续）

材料	ABS	ABS/PC	ASA	CA	EVA	PA6	PA66	PBT	PC	HDPE	LDPE	PMMA	POM	PP	PPO	PS	TPEE	TPU
PMMA	1		1							2	2	1		2		Y		
POM										2	2		1	2		Y	Y	
PP	Y	Y	Y	Y	1	2	2		Y	Y	1	2	2	1	2	Y	Y	Y
PPO	Y	Y	Y	Y										2	1	1	Y	Y
PS	Y	Y	Y	Y	1	Y	Y		Y	Y	Y	Y	Y	2	1	1	Y	Y

说明：1）【1】良好黏度；【2】为较差黏度；【Y】无黏度。2）其余空白不形成组合。

第一次注射的硬胶材料称为"基材"，常用的硬胶材料有 ABS、PA6/PA66-GF、PP、PC 及 PC+ABS 等。第二次注射的软胶材料称为"覆盖材料"，常用的软胶材料有人工橡胶、TPU、TPR、TPE 和软 PVC 等。

前面介绍的电动工具手柄采用的是软胶包硬胶模式进行注塑，在基体材料确定的情况下，覆盖材料选用的优先顺序（排前为优选）如表 7-3 所示。

表 7-3　包胶基材与覆盖材料的匹配

基材（本体/骨架）	覆盖材料（包胶材料）	备　　注
PA6-GF	通用所有常用弹性树脂，优选 TPE	TPE 耐磨
PA66-GF	通用所有常用弹性树脂，优选 TPE	TPE 耐磨
ABS	通用所有常用弹性树脂，优选 TPE	TPE 耐磨
PC+ABS/PC	通用所有常用弹性树脂，优选 TPE	TPE 耐磨
PP	TPR/TPE/PVC	
金属压铸件	TPE/PVC /TPU/PPS/PA6-GF	需考虑设计/功能/工况
PA6-GF/PA66-GF/PC	ABS（不建议大的面积采用）	1）小面积的 LOGO 区域（100mm×20mm）之内是可行的； 2）大的包胶区域要综合考量结构，曲率（落差）

4. 嵌入成型的特点

嵌入成型模具（包胶模具）的生产过程是：先完成硬胶产品的生产，然后将硬胶产品放入注塑软胶材料的包胶模具中，最后注塑软胶材料覆盖在硬胶产品上，完成包胶产品的注塑。

嵌入成型的缺点是：生产效率较低，硬胶产品在置放的过程中，容易出现放不到位的情况，因此，包胶产品可能会出现压伤等一系列问题，良品率相对来说较低。

嵌入成型有以下特点。

1）通常基材要比覆盖材料大得多。

2）有时基材需要预热，使表面温度接近覆盖材料的熔点，从而获得最佳黏合强度。

3）一般嵌入成型的模塑工艺通常由 2 套模具完成，不需要专门的双色注塑机。

5. 嵌入注塑成型注意事项

嵌入注塑成型的最大问题就在于两种原料能否有效黏合。除了前面讲到的两种原料本身之间能否相融是关键之处以外，在产品设计和加工过程也应注意以下几点。

1）尽量增加两种原料的结合部位的有效接触面积，也可以利用增加加强筋或槽、孔洞、斜面、粗糙面结构来达到此目的。应当尽量避免类似截面积很小的平面和平面之间的黏合，如图 7-16 所示。

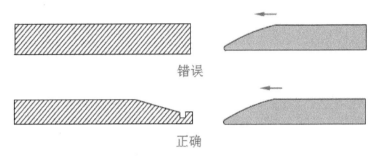

图 7-16　尽量增加两种原料的结合部位的有效接触面积

2）注意软料进入模腔的位置和流向（如图 7-17 所示），避免对硬料部分产生不良影响。同时也要对硬料部分相应位置做好加固。

3）注塑加工过程中，注意对原料加工温度、注射速度、模腔表面温度的控制，这些都是会直接影响原料黏合强度的关键控制因素。

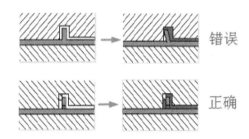

图 7-17　注意软料进入模腔的位置和流向

6. 包胶模具

包胶模具有时又叫假双色，两种塑胶材在不同注塑机上注塑，分两次成型。产品从一套模具中出模取出后，再放入另外一套模具中进行第二次注塑成型。一般这种模塑工艺通常由 2 套模具完成，而不需要专门的双色注塑机。图 7-18 所示为包胶产品。

图 7-19 所示为汽车三角玻璃窗包胶模具内部结构图。

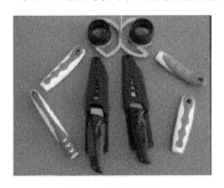

图 7-18　包胶产品

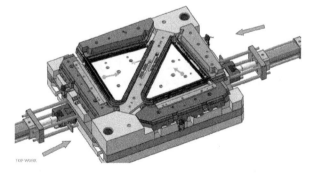

图 7-19　包胶模具结构

包胶模具设计时的注意事项如下。

- 强度：包胶模具要注意骨架强度，防止包胶后变形。
- 缩水：包胶模要注意收缩率的问题，外置件是没有收缩的。然后设计问题，该避空的地方尽量避空，便于外置件的放入及模具成本，原则上不影响封胶就好。
- 定位：做到可靠的封胶且在胶件上有反斜度孔，防止拉胶变形。

- 模具钢材，可用 H13 或 420H。
- 在软胶的封胶位置多留 0.07mm~0.13mm 的间隙作为保压预留空间。
- 硬胶要有钢料作为支持，特别是有软胶的背面，动、定模之间的避空间隙不可大于 0.3mm。
- 底件与包胶料的软化温度要至少相差 20°，否则底胶件会被融化。
- 若包 TPE，其排气深度为 0.01MM。
- 底成品与塑料部分的胶厚合理比例为 5：4。
- TPE 材料，其浇口不宜设计成潜顶针（顶针作为潜伏式浇口的一部分），可改用直顶，浇口做在直顶上，最好用方形，直顶与孔的配合要光滑，间隙在 0.02mm 以内，否则易产生胶粉。
- 流道不宜打光，留纹可助出模，前模要晒纹，否则会黏前模。
- TPE 缩水率会改变皮纹的深度。
- 如果产品走批锋怎么办：1）前模烧焊；2）底件前模加胶；3）底件后模加胶；4）包胶模后模烧焊。
- 粘前模怎么办：1）前模加弹出镶件；2）镶件顶部加弹弓胶；3）弹弓胶尺寸要小于镶件最大外围尺寸。

7.1.3 共注塑成型（夹芯注塑成型）

在共注塑成型中，硬基材和软弹性料同时注入同一个模具中，软弹性料迁移到外层。材料之间的相容性是至关重要的，必须小心控制。常见的包胶模具就是典型的共注塑成型模具。

共注塑十分昂贵，且很难控制，也是三种二次成型中最少用的注塑工艺。不过，因为硬基材和软弹性料都在完全的熔融状态，与模具相吻合。因此，共注塑提供了最好的熔融和物质之间的化学粘连。

共注塑成型可以通过选择不同的材料组合提供各种性能特点。

- 实心表皮/实心模芯
- 实心表皮/发泡模芯
- 弹性表皮/实心模芯
- 发泡表皮/实心模芯

共注塑成型适用于各种材料，因为材料按组合方式使用，因此表皮和模芯之间的相对黏性和附着力是选择材料的重点考虑因素。

图 7-20 所示为共注塑成型工艺过程示意图。首先注入表皮材料（硬基材），局部填充模具型腔，如图 7-20 a 所示。当表皮材料的注射量达到一定要求后，转动熔料切换阀，开始注射模芯材料（软弹性材料）。模芯材料进入预先注入的表皮材料流体中心，推动表皮材料进行型腔的空隙部分，表皮材料的外层由于与冷型腔壁接触已经凝固，模芯层流体不能穿透，从而被表皮材料层包裹，形成了夹芯层结构，如图 7-20 b 和 c 所示。最后再转动熔料切换阀回到起始位置，继续注射表皮材料，将流道内的模芯材料推入到型腔中并完成封模，此时清楚了模芯材料，为一下个成型周期做好准备，如图 7-20 d 所示。

与普通注塑成型工艺相比较，共注塑成型工艺主要有以下特点。

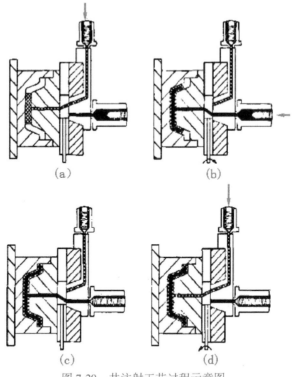

图 7-20 共注射工艺过程示意图

a—注入表皮材料；b，c—注入模芯材料；d—再注入表皮材料

- 共注射机由两套以上预塑和注射系统组成，每套注射系统射出熔料的温度、压力和数量的少许波动都会导致制品颜色、花纹的明显变化。为了保证同一批制品外观均匀一致，每套注射系统的温度、压力和注射量等工艺参数应严格控制。

- 共注射机的流道结构较复杂，流道长且有拐角，熔体压力损失大，需设定较高的注射压力才能保证顺利充模。为了使熔体具有较好的流动性，熔料温度也应适当提高。

- 由于熔体温度高，在流道中停留时间较长，容易热分解，因此，用于共注塑成型的原料应是热稳定性好、黏度较低的热塑性塑料。常用的有聚烯烃、聚苯乙烯和 ABS 等。

7.2 案例介绍——双色模具注塑成型模流分析

在 Autodesk Moldflow 中将网格模型上设置浇口注射锥，用于模拟两幅双色模具中的流道系统。产品 3D 模型如图 7-21 所示。

第1色注塑　　　　第2色注塑　　　　注塑成品

图 7-21 双色塑料扣模型

规格：最大外形尺寸：80mm×51mm×31mm（长×宽×高）。

壁厚：最大 2.2mm；最小 0.51mm。

设计要求如下。

- 材料：第 1 次注塑材料为 PC，第 2 次注塑材料为透明 ABS。
- 缩水率：收缩率统一为 1.006mm。
- 外观要求：表面质量一般，制件无缺陷，一射与二射包胶性良好。
- 模具布局：一模一腔。

7.3 最佳浇口位置分析

双色注塑成型，如果用冷流道注塑，势必会造成填充不全、压力不平衡等缺点，冷流道还会导致废料多、生产成本增加等。此外，在双色注塑过程中，因一次注射和二次注射之间有一段时间间隔，而冷流道无法保证填充料一直保持熔融状态，因此，双色模具多采用热流道注塑。

高质量的网格是任何形式的模流分析的前提，而 Autodesk Moldflow 重叠注塑分析则要求两个模型之间没有相交的部分，应该贴合的状态应该保持良好的贴合状态，否则会影响产品的分析结果，导入前一定要检查产品 CAD 模型，确认产品无上述问题后再进行下一步动作。

技术要点：

设计双色注塑模具或者进行重叠注塑模流分析时，必须确保两次注塑的模型参考坐标系是一致的。

7.3.1 前期准备

Autodesk Moldflow 分析的前期准备工作如下。

- 新建工程并导入第 1 个注射模型。
- 第 1 个注射模型网格的创建与修复。
- 导入第 2 个注射模型并划分、修复网格。
- 将第 2 个注射模型添加到第 1 个模型中。
- 创建流道系统。

扫码看视频

1. 新建工程并导入第 1 个注射模型

新建工程并导入第 1 个注射模型的具体操作步骤如下。

01 启动 Autodesk Moldflow，然后单击【新建工程】按钮🗋，在弹出的【创建新工程】对话框中输入工程名称及保存路径后，单击【确定】按钮完成工程的创建，如图 7-22 所示。

02 在【主页】选项卡中单击【导入】按钮🔄，将会弹出【导入】对话框。在本例模型保存的路径下打开【电器盒-1.udm】，如图 7-23 所示。

图 7-22 创建工程

03 在弹出的要求选择网格类型的【导入】对话框中选择【双层面】类型作为本案
例分析的网格，再单击【确定】按钮完成模型的导入操作。如图 7-24 所示。

图 7-23 导入模型

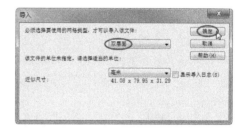

图 7-24 选择网格类型

04 导入的第 1 色注塑的分析模型如图 7-25 所示。

2. 第 1 个注射模型网格的创建与修复

第 1 个注射模型网格的创建与修复的具体操作步骤如下。

01 在【网格】选项卡中单击【生成网格】按钮，然后在工程管理视窗的【生成
网格】选项面板中设置全局边长的值为 1，单击【网格】按钮，程序自动划分网
格，如图 7-26 所示。

图 7-25 导入 stl 模型

图 7-26 划分网格

02 网格创建后需要作统计，判定是否需要修复网格缺陷。在【网格诊断】选项面板
中单击【网格统计】按钮，然后再单击【网格统计】选项面板的【显示】按钮
和按钮，系统立即对网格进行统计并弹出【网格信息】对话框，如图 7-27 所示。

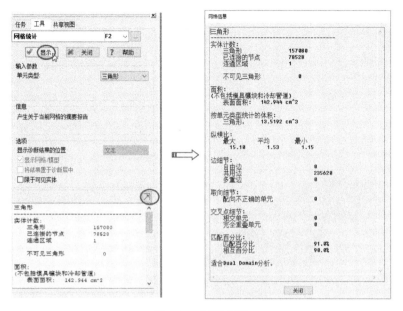

图 7-27　网格统计

技术要点：

从网格统计看，网格质量非常理想，没有明显的缺陷，匹配百分百完全满足流动分析、翘曲分析和冷却分析要求。

3. 导入第 2 个注射模型

导入第 2 个注射模型的具体操作步骤如下。

01　在【主页】选项卡中单击【导入】按钮，打开【电器盒-2. udm】模型，如图 7-28 所示。

02　重叠注塑的两个模型网格类型必须保持一致，因此导入第 2 个模型时也选择【双层面】网格类型，如图 7-29 所示。

图 7-28　导入第 2 次注射的模型

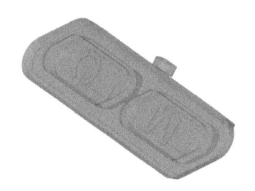

图 7-29　导入第 2 个模型

03 对导入的实体模型作网格划分（全局边长设为 0.3mm）、网格统计等操作，结果如图 7-30 所示。结果中虽然没有显示网格缺陷，但是匹配率比较低，还未达到 85% 以上，同时还提示【不适合双层面分析】，因此需要做纵横比检查和网格匹配检查。

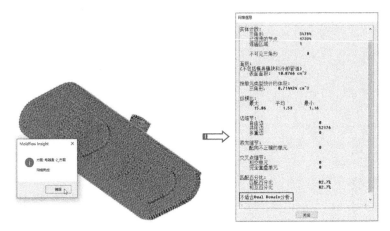

图 7-30　划分网格并统计网格

04 在【网格】选项卡的【网格诊断】面板中单击【纵横比】按钮，接着在弹出的【纵横比诊断】选项面板中设置最小值为 5，单击【显示】按钮，显示纵横比检查结果，然后利用【合并节点】工具消除不良的纵横比网格单元，如图 7-31 所示。

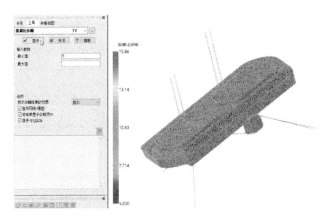

图 7-31　网格纵横比诊断

05 在【网格】选项卡的【网格诊断】面板中单击【网格匹配】按钮，接着在弹出的【网格匹配诊断】选项面板中单击【显示】按钮显示网格匹配检查结果，结果显示网格模型中存在非匹配的网格单元，且数量较大，如图 7-32 所示。

06 由于非匹配的网格单元数量较多，可一次性将所有单元框选后进行统一的属性修改。框选所有网格单元并单击鼠标右键，在弹出的快捷菜单中选择【属性】命令，如图 7-33 所示。

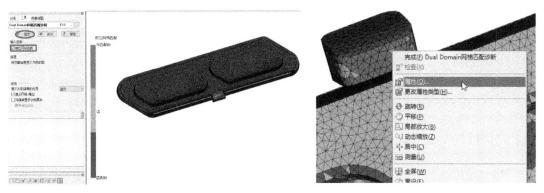

图 7-32　网格匹配诊断　　　　　　　图 7-33　选中要编辑属性的网格单元

07 在弹出的【零件表面】对话框的【零件表面属性】选项卡中设置相关参数及选项，单击【确定】按钮完成非匹配单元的属性更改，如图 7-34 所示。

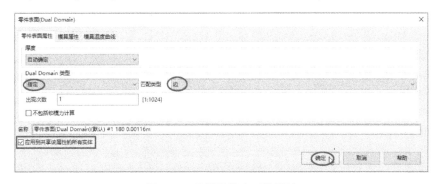

图 7-34　编辑零件表面的属性

4. 将第 2 色模型添加到第 1 色模型中

将第 2 色模型添加到第 1 色模型中的具体操作步骤如下。

01 在工程视窗中复制【电器盒-1_方案】方案任务，然后将其重命名为【重叠注塑_方案】，如图 7-35 所示。

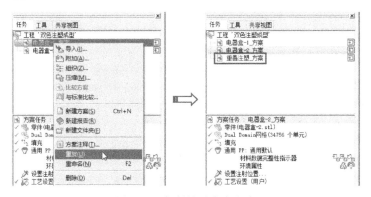

图 7-35　复制并重命名方案

02 双击【重叠注塑_方案】方案任务，然后在【主页】选项卡中单击【添加】按钮，从方案保存的路径中添加第 2 色模型的方案文件（注意看保存时间，一般选择较近保存的方案文件），如图 7-36 所示。

03 添加后，图层项目管理视窗中显示 2 个模型的图层，并且图形区中可以看到第 2 个模型已经添加到第 1 个模型上，如图 7-37 所示。

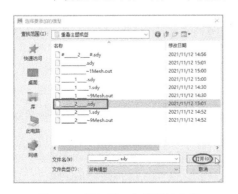

图 7-36 添加第 2 色模型的方案　　　　图 7-37 第 2 个模型添加到第 1 个模型中

04 在【主页】选项卡的【成型工艺设置】面板中选择【热塑性塑料重叠注塑】类型。

05 更改第 2 色模型的属性。首先在【成型工艺设置】面板中选择【热塑性塑料重叠注塑】成型工艺类型，然后单击【分析序列】按钮，在弹出的【选择分析序列】对话框中选择【填充+保压+重叠注塑填充】分析序列，单击【确定】按钮完成选择。

06 在图层项目管理区仅勾选第 2 色模型的【三角形】复选框。

07 在图形区中框选第 2 色模型的三角形网格，并在单击鼠标右键后选择快捷菜单中的【属性】命令，如图 7-38 所示。

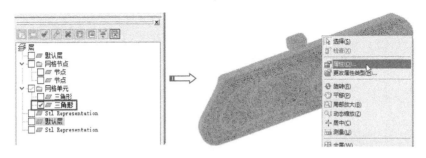

图 7-38 选中第 2 色模型编辑属性

08 在弹出的【选择属性】对话框中选取所有的网格单元，单击【确定】按钮。接着在弹出的【零件表面（双层面）】对话框的【重叠注塑组成】选项卡中选择【第二次注射】选项，最后单击【确定】按钮完成属性的更改，如图 7-39 所示。

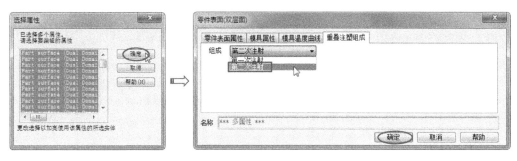

图 7-39　更改属性

7.3.2　最佳浇口位置分析

在进行重叠注塑分析前，需要分别对两个模型进行最佳浇口位置分析，以便在重叠分析时设置注射锥。

分析最佳浇口位置的具体操作步骤如下。

扫码看视频

01 在工程视窗中双击【电器盒-1_方案】方案任务，以激活该方案。

02 重新选择注塑成型类型为【热塑性注塑成型】，并在【选择分析序列】对话框中设置分析序列为【浇口位置】，如图 7-40 所示。

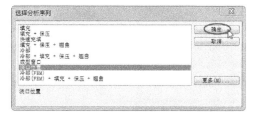

图 7-40　选择分析序列

03 选择成型材料为 PC，工艺设置保留默认设置。

04 单击【开始分析】按钮 运行分析，第一注射模型的浇口位置分析结果如图 7-41 所示。

05 同理，在工程视窗中双击【电器盒-2_方案】，然后对第二注射模型进行最佳浇口位置分析，分析结果如图 7-42 所示。

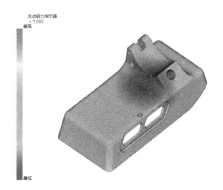

图 7-41　第一注射模型分析结果

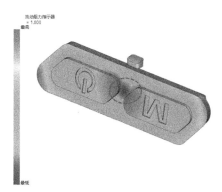

图 7-42　第二注射模型的分析结果

7.4 重叠注塑成型初步分析

重叠注塑成型分析与一般的热塑性注塑分析基本相同，不同的是需要为 2 次注射指定不同的材料和注射位置。重叠注塑分析包括两个步骤：首先在第一个型腔上执行【填充+保压】分析（第一个组成阶段），然后在重叠注塑型腔上执行【填充+保压】分析或【填充+保压+翘曲】分析（重叠注塑阶段）。

扫码看视频

7.4.1 前期准备

前期准备相关知识内容如下。

1. 选择分析序列

选择分析序列的具体操作步骤如下。

01 在工程视窗中双击【重叠注塑_方案】方案任务。

02 在【主页】选项卡的【成型工艺设置】面板中单击【分析序列】按钮，将会弹出【选择分析序列】对话框。

03 在【选择分析序列】对话框中选择【填充+保压+重叠注塑填充+重叠注塑保压】选项，再单击【确定】按钮完成分析序列的选择，如图 7-43 所示。

技术要点：

所选择的【填充+保压+重叠注塑填充+重叠注塑保压】分析序列，表达了第一色执行填充+保压分析，第二色执行的是重叠注塑填充+重叠注塑保压。

2. 选择材料及工艺设置

选择材料及工艺设置的具体操作步骤如下。

04 选择分析序列后，方案任务窗格中显示了重叠注塑分析的任务，如图 7-44 所示。包括选择 2 次注射的材料和 2 个模型的注射位置。

图 7-43 选择分析序列

图 7-44 重叠注塑的方案任务

05 指定第 1 次注射的材料为 PC，如图 7-45 所示。

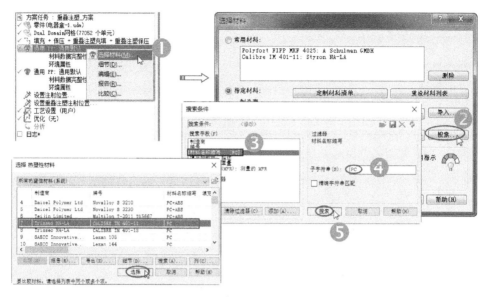

图 7-45 为第一色选择 ABS 材料

06 按照上面步骤的方法，选择第 2 次注塑的材料为 ABS，如图 7-46 所示。

图 7-46 指定第 2 色材料

07 在方案任务视窗中双击【设置注射位置】任务，根据前面最佳浇口位置分析的结果，为第 1 次注射（第 1 色）设定注射位置，如图 7-47 所示。

08 双击【设置重叠注塑注射位置】任务，在第二次注射网格上设定重叠注塑的 1 个注射锥，如图 7-48 所示。

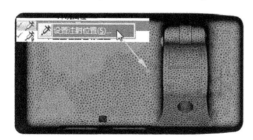

图 7-47 设置第一色注射位置

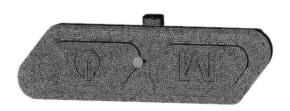

图 7-48 设定第二色注射的注射位置

09 设置工艺参数，这里分别以 PC 材料属性和 ABS 材料属性为参考来设置工艺参数，如图 7-49 所示。

图 7-49　设置工艺参数

10 在【分析】面板中单击【开始分析】按钮 ，程序执行重叠注塑分析。图 7-50 所示为重叠注塑分析结果。

图 7-50　分析完成结果

在方案任务窗格中可以查看分析的结果，本案有 2 个结果：第 1 色的【流动】分析结果、第 2 色的【重叠注塑流动】分析结果。

1. 第 1 色的流动分析结果

下面仅将重要的分析结果列出。

（1）填充时间

图 7-51 所示为按 Autodesk Moldflow 默认的工艺设置，所得出的填充时间为 0.8474s。从填充效果看，制件内侧的加强筋部位存在欠注短射缺陷。

（2）流动前沿温度

图 7-52 所示为流动前沿温度温差较大，相差 156℃左右，溶体到达制件内侧的加强筋时波前温度已急速下降至凝固点温度 144℃，因此从流动前沿温度的结果中也证实了制件填充不完整。

图 7-51　填充时间

图 7-52　流动前沿温度

（3）体积收缩率

从如图 7-53 所示的体积收缩率结果看，制件中绝大部分的体积收缩相对比较均匀，但制件的边缘及内侧加强筋部位收缩百分比较小，主要原因是距离浇口较远，且保压压力不足，因此体积收缩是必须要解决的实际问题。

> **技术要点：**
>
> 体积收缩率是衡量重叠注塑的一个重要指标。两个不同色的产品不但黏合性要好，而且收缩要一致，否则会影响整体制件的外观。

（4）熔接线

从如图 7-54 所示的熔接线分析结果看，熔接线主要存在结构受力位置和制件外表面，影响了结构强度和制件外观。因此，第 1 色制件的缺陷主要是欠注短射和体积收缩不均。

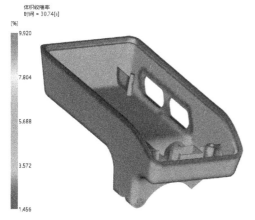

图 7-53　体积收缩率

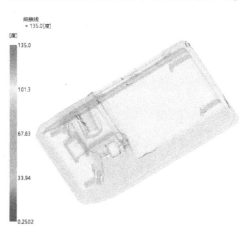

图 7-54　熔接线

2. 第 2 色流动分析结果

第 2 色制件的分析结果要与第 1 色制件作对比，才能得出此次分析是否成功，或者说产品的质量是否得到保障。

（1）填充时间

图 7-55 所示的第 2 色制件的填充时间为 0.0014s，与第 1 色的填充时间相差较大。从填充效果看，离浇口最远处为最后填充区域，无欠注短射现象。

（2）流动前沿温度

图 7-56 所示的第 2 色制件的流动前沿温度温差 4.2℃，总体上填充还算平衡。

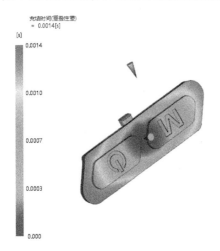

图 7-55　填充时间　　　　　　　　　图 7-56　流动前沿温度

（3）体积收缩率

从如图 7-57 所示的体积收缩率结果看，制件中的体积收缩是不均匀的。

（4）熔接线

从如图 7-58 所示的熔接线分析结果看，没有出现熔接线，制件外观质量较好。由以上分析结果可知，第 2 色制件主要缺陷是体积收缩不均。

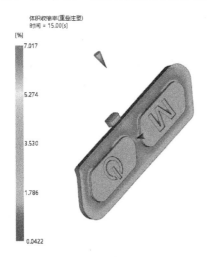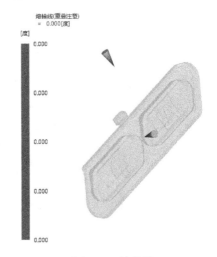

图 7-57　体积收缩率　　　　　　　　　图 7-58　熔接线

7.4.3　双色产品注塑问题的解决方法

双色产品注塑的问题和相关解决方法如下。

问题一：体积收缩

双色制品成型的难点在于每一个组件中会不可避免地出现配合部位壁厚较薄、其他部位壁厚较厚的情况。同一制品上壁厚差异太大会引起制品壁厚处缩水。如果第一注射制品缩水严重可能会影响二射制品及最终制品整体外观质量，第二次注射制品缩水会直接影响最终制品整体外观质量。

解决方法：在双色制品任何一组件上都尽量避免局部壁厚过厚的情况。应将浇口移至产品壁厚较大的位置处进浇，提高注射压力和保压压力的传递效率。

问题二：欠注短射

出现短射的原因是多方面的，有注射压力低、注射时间不足和注射速度慢等，但还有个重要原因不可忽略，就是模具温度和溶体温度较低。一般来说，注塑机选择的是默认注塑机，给出的注射压力、速度及时间的默认值其实是最佳的，重点解决模具温度、溶体温度、注射时间、注射压力及注射速度等问题。

7.5 重叠注塑成型优化分析

通过初次的重叠注塑分析，发现利用 Autodesk Moldflow 系统默认的浇口位置和工艺参数，使第一色和第二色制品均出现了缺陷，接下来重新优化并分析。

扫码看视频

7.5.1 重设浇口和工艺参数设置

重设浇口和工艺参数设置的相关知识内容如下。

1. 重设浇口

从第一注射分析结果看，出现欠注短射和体积收缩不均的缺陷，浇口的位置和数量问题占据相当大的因素。两次注射的时间相差较大，对于双色注塑来说是允许存在的。

浇口的数量这里不建议增加，原因是制件尺寸较小，浇口过多对于冷流道注塑来说易造成熔接线过多，影响制件结构性和外观。首先将第 1 色的浇口往加强筋区域前移，不可太多，距离加强筋近了注射压力损失大也容易短射。其次将第 2 色的浇口改在顶部区域，便于设计浇注系统。重设浇口的具体操作步骤如下。

01 在工程视窗中复制【重叠注塑_方案】方案任务，并将其重命名为【重叠注塑_优化方案】。双击【重叠注塑_优化方案】方案任务。

02 删除第 1 色模型上原有的注射锥，然后重设置 1 个注射锥，如图 7-59 所示。

03 在方案任务视窗中双击【设置重叠注塑注射位置】项目，接着重设置第 2 色模型的注射锥（浇口），如图 7-60 所示。

💬 技术要点：

其实第 2 色的浇口位置已经是最佳位置了，但是以此进行浇注系统设计会增加模具结构的复杂性，因此需要重新设置浇口位置，尽量简化模具结构。

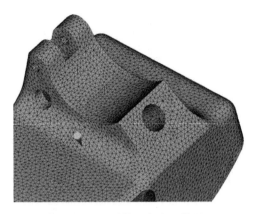

图 7-59　重设第 1 色浇口位置

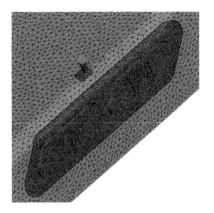

图 7-60　重设第 2 色浇口位置

2. 工艺参数设置

【工艺设置向导】对话框的第 1 页为第 1 色注射的工艺设置，第 2 页为第 2 色注射的工艺设置。第 1 色注射材料为 PC，模具表面温度值取 120℃，溶体温度取 340℃，填充控制由注射时间控制。第 2 色注射材料为 ABS，模具表面温度值取 80℃，溶体温度取 280℃，填充控制由注射时间控制。

> **技术要点：**
>
> 　　第 1 色模型中，从前面的初步分析中可知，出现了熔接线和短射问题，可以适当加大模具温度、溶体温度、注射速度和注射压力等，其中适当增加注射时间，使溶体能够填满整个型腔，欠注短射的一个重要原因就是注射时间不足。

01 设置第 1 色的工艺参数。模具温度和溶体温度可参考表 4-1 中各种材料对应的最大值。初步分析时的溶体填充时间为 0.8474s，因此将【填充控制】设置为【注射时间】控制，并设置填充时间为 1s，冷却时间也缩短至 15s，因为制件的体积较小，如图 7-61 所示。

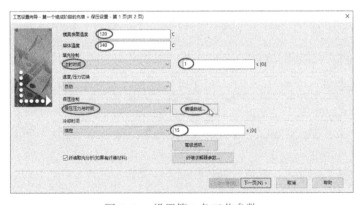

图 7-61　设置第 1 色工艺参数

02 欠注短射的另一种解决方法就是编辑保压曲线，设置【保压控制】为【保压压力与时间】方式，并单击【编辑曲线】按钮，编辑保压曲线，如图 7-62 所示。

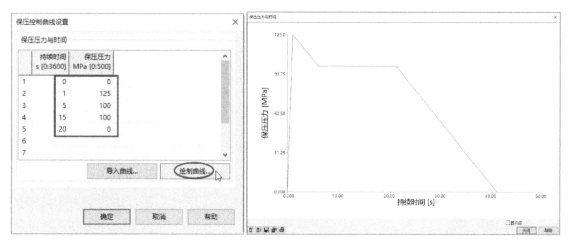

图 7-62　编辑保压曲线

技术要点：

　　编辑保压曲线的含义是，总共设置 20s 的保压时间，优化分析后如果效果不明显，还可以继续延长保压时间。从填充结束的注射压力切换为保压压力继续控制填充，也就是从 0s 一直到 20s，保压压力随着时间变化而变化，直至保压结束。

03 考虑注塑机的注射压力和注射速率不足等问题，需要修改注塑机参数。在【工艺设置向导】对话框中单击【高级选项】按钮，在弹出的【填充+保压分析高级选项】对话框的【注塑机】选项组中单击【编辑】按钮，在弹出的【注塑机】对话框的【注射单元】选项卡中修改【最大注塑机注射速率】值，如图 7-63 所示。

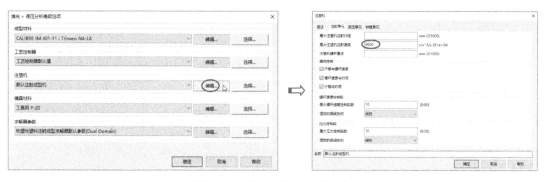

图 7-63　修改注塑机注射速率

04 在【注塑机】对话框的【液压单元】选项卡中修改【注塑机最大注射压力】值为 300MPa，再单击【确定】按钮完成注塑机参数的设置，如图 7-64 所示。

05 设置第 2 色工艺参数。第 2 色也要修改模具温度和溶体温度，同时要编辑保压控制曲线，如图 7-65 所示。

图 7-64　修改注塑机最大注射压力

图 7-65　设置第 2 色工艺参数

技术要点：

　　这样的工艺设置仅仅是针对系统提供的注塑机进行的，如果工厂的注塑机品牌及型号都不是 Autodesk Moldflow 的默认注塑机，那么必须单击【工艺设置向导】对话框的【高级选项】按钮，在弹出的【重叠注塑高级选项】对话框中自行选择跟实际注塑机相同的型号即可，如图 7-66 所示。

图 7-66　自选注塑机

06 绘制第 2 色的保压控制曲线如图 7-67 所示。

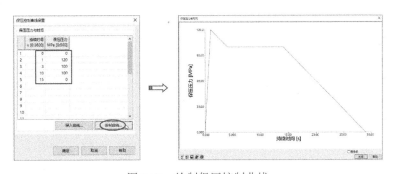

图 7-67　绘制保压控制曲线

07 第 2 色没有欠注短射问题，因此注塑机参数不用修改。所有工艺参数设置完成后单击【开始分析】按钮 ，运行优化分析。

7.5.2　结果解析

结果解析的相关知识内容如下。

1. 第 1 色优化分析结果

第 1 色优化分析结果的相关知识内容如下。

（1）填充时间

图 7-68 所示为按优化后的工艺设置，充满整个型腔所用时间为 1.382s（预设为 1s）。从填充效果看，之前初步分析时出现的欠注短射现象没有了，已经得到有效解决。

（2）流动前沿温度

图 7-69 所示为流动前沿温度温差达到 196℃左右，温差反而比之前分析时还有所增加。仔细查找温差较大区域，发现是制件内侧的加强筋部位，也就是最后填充区域。如果再次进行优化分析，可再加大保压压力和保压时间，实际设计模具结构时须在此处开设排气槽，增强末端的填充流动性。

图 7-68　填充时间

图 7-69　流动前沿温度

（3）体积收缩率

从如图 7-70 所示的体积收缩率（最大 5.663%、最小 -0.8012%）结果看，基本上制件的整体的体积收缩比之前初步分析时的体积收缩率要均衡很多，也就是制件的体积收缩率在 1.5%~3% 之间浮动，虽然还达不到完全理想状态，但减少了缩痕或缩孔出现的可能性。另外，体积收缩不均的另一原因就是壁厚不均，在产品结构不再进行修改的情况下，这样的分析结果也是可接受的。

（4）熔接线

从如图 7-71 所示的熔接线分析结果看，熔接线已经全部转移到制件内侧的加强筋、BOS柱等部位，不会影响制件结构与外观质量。

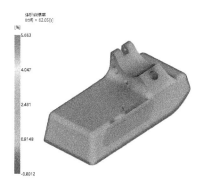

图 7-70　体积收缩率

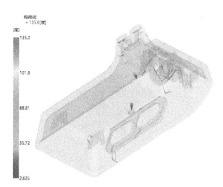

图 7-71　熔接线

2. 第 2 色优化分析结果（重叠注塑）

第 2 色的分析结果要与第 1 色作对比，才能得出此次分析是否成功，或者说产品的质量是否得到保障。

（1）填充时间

图 7-72 所示的第 2 色的填充时间为 0.0014s（与第一次分析时没有变化）。制件无缺陷。

（2）流动前沿温度

图 7-73 所示的第 2 色的流动前沿温度最大温差 5℃左右，跟预设的溶体温度相差不大。

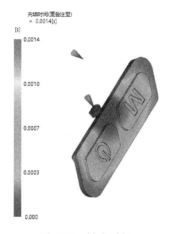

图 7-72　填充时间

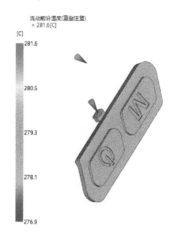

图 7-73　流动前沿温度

（3）体积收缩率

从如图 7-74 所示的体积收缩率结果看，优化分析后的效果反而比之前要差一些，这是由于新浇口位置并不是最佳浇口位置，因此产生缩痕的可能性有所增加。但第 2 色的体积收缩和第 1 色的体积收缩相差不大，特别是两色结合处的体积收缩是最接近的（约为 1%），这样一来就保证了两色模型的黏合性。

（4）熔接线

从如图 7-75 所示的熔接线分析结果看，没有出现熔接线。

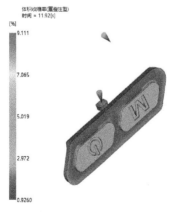

图 7-74　体积收缩率

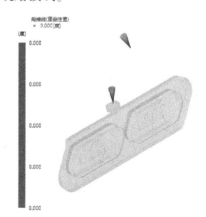

图 7-75　熔接线

总体来说，优化分析对于第 1 色出现的欠注短射缺陷是有效的，但第 2 色效果不明显，由于没有建立冷却系统，因此有些分析结果看起来不是十分理想，感兴趣的读者可按照本章所讲的分析方法，结合实际情况进行多次优化分析，直到达成满意效果为止。

第8章 气辅成型模流分析案例

📖 本章导读

气体辅助注塑成型（Gas-Assisted Injection Molding）简称气辅成型，该项技术是为了克服传统注塑成型的局限性而发展起来的一种新型工艺，自20世纪90年代以来受到注塑工程界的普遍关注，采用气辅技术，可提高产品精度、表面质量、解决大尺寸和壁厚差别较大产品的变形问题，提高产品强度、降低产品内应力，大大节省塑料材料，简化模具设计，广泛应用于汽车、家电、办公用品以及日用产品等领域。因此被称为塑料注塑工艺的第二次革命。

本章运用 Autodesk Moldflow 气辅成型模块对汽车车门把手和手柄的气体辅助成型进行模拟分析。

8.1 气辅成型概述

气体辅助注塑成型是一种先进的注塑工艺，它的工作流程是首先向模腔内进行树脂的欠料注射，然后利用精确的自动化控制系统，把经过高压压缩的氮气导入熔融物料当中，使塑件内部膨胀而造成中空，气体沿着阻力最小方向流向制品的低压和高温区域。当气体在制品中流动时，它通过置换熔融物料而掏空厚壁截面，这些置换出来的物料充填制品的其余部分。当填充过程完成以后，由气体继续提供保压压力，解决物料冷却过程中体积收缩的问题。

8.1.1 气辅成型原理

气辅成型（GIM）是指在塑胶充填到型腔适当的时候（90%～99%）注入高压惰性气体，气体推动融熔塑胶继续充填满型腔，用气体保压来代替塑胶保压过程的一种新兴的注塑成型技术（如图8-1所示）。

在气辅成型过程中，惰性气体的主要作用如下。

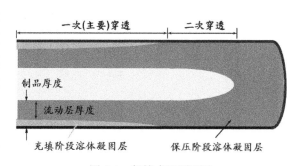

图8-1 气辅成型原理图

- 驱动塑胶流动以继续填满模腔。

- 成中空管道，减少塑料用量，减轻成品重量，缩短冷却时间及更有效传递保压压力。

由于成型压力可降低而保压却更为有效，更能防止成品收缩不均及变形。

气体易取最短路径从高压往低压（最后充填处）穿透，这是气道布置要符合的原则。在浇口处压力较高，在充填最末端压力较低。

8.1.2 气辅成型工艺过程

气辅成型一般包括熔融树脂注射、气体注射、气体保压、气体回收（排气）和制件顶出等几个主要步骤。图 8-2 所示为气辅成型模具。

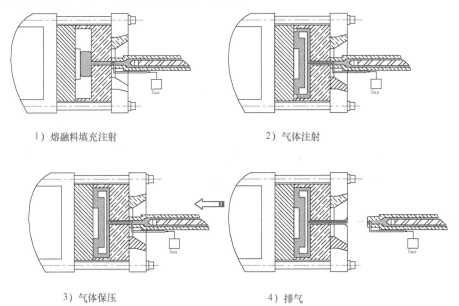

1）熔融料填充注射   2）气体注射

3）气体保压   4）排气

图 8-2 气辅成型模具气辅成型示意图

气辅成型的 4 个阶段如下。

1）由浇口向模具型腔内注入熔融树脂，接触到温度较低的模具面后，在表面形成一层凝固层，而内部仍为熔融状态，塑胶在注入 90%~99% 时即停止，如图 8-3 所示。

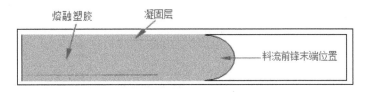

图 8-3 气辅成型第一阶段：熔融料填充注射

2）注入一定压力的惰性气体（通常为氮气），氮气进入熔融树脂，形成中空以推动熔融树脂向模腔未充满处流动，如图 8-4 所示。

3）借助气体压力的作用推动树脂充实到模具型腔的各个部分，使塑件最后形

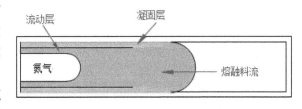

图 8-4 气辅成型第二阶段：注入氮气

成中空断面而保持完整外形，如图 8-5 所示。

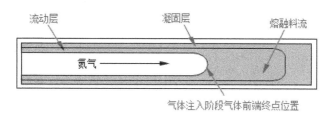

图 8-5　气辅成型第三阶段：气体持续进入使溶体填充整个型腔

4）从树脂内部进行保压（即二次气体穿透阶段），此时气体压力就变为保压压力。在保压阶段，高压气体压实塑胶，同时补偿体积收缩，保证制件外部表面质量，如图 8-6 所示。

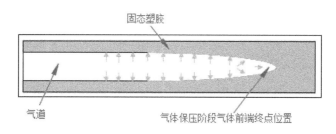

图 8-6　气辅成型第四阶段：气体保压

5）气体的排放发生在冷却结束、开模之前。

与传统注塑成型过程相比，多了一个气体辅助充填阶段，且保压阶段是靠气压进行保压的。保压压力低，可降低制品内应力，防止制品翘曲变形。由于气体能有效地传递所施加的压力，可保证制件内表面上压力分布均匀一致，即可补偿熔体冷却时的体积收缩，也避免了制件顶出后的变形。采用气体辅助注塑成型，是通过控制注入型腔内的塑料量来控制制品的中空率及气道的形状。

8.1.3　气辅成型模具冷却系统设计

气辅成型模具动模主要针对胶位较厚的局部冷却。比如 4 个角的 BOSS 柱，尽量使 BOSS 柱温度降低。当正常生产时模温升高，BOSS 柱位的温度也随之升高，容易产生缩水、凹陷、流胶等现象，是制约效率的一个关键因素。因此应该将四角的码胆柱单独接冷却水。其余模芯部位必须做到左右对半接法，使模温处于可控状态。

面壳模具定模接冷却水视模具结构而定。对于有喇叭网孔的模具必须使喇叭网面保持温度较高，可加快材料在模腔里的流动速度，减少压力损失，因此接水时应将两侧面和中心主流道冷却，尽量使喇叭网面保持温度较高。

1. 进气方式的设计

一般情况下，气辅成型有以下 3 种进气方式。

- 注塑喷嘴直接进气：进气通道合成在注塑喷嘴内，喷嘴需要设置封闭阀，阻止高压氮气反灌螺杆。优点是模具上不要设置气针，缺点是每注塑一次注射台都必须回退来进行排气，喷嘴内部残余的材料因为包含气道，可能造成下一模产品表面缺陷而无法生产合格零件。

- 流道进气：气针设计在流道上，进料口设计在产品厚壁处或气道上，进料口同时也是进气口。适用于气道形状比较简单的产品。但流道要采取特殊措施，如局部截面减薄，或者采用针阀封闭浇口，阻止高压氮气反灌螺杆。

- 产品上直接进气：在产品合适的位置上设计气针，高压氮气直接进入产品内部。这种方式最常用也最灵活。

产品上直接进气时，气针位置的选择请遵循以下原则。

- 气针与进料口保持适当的距离，否则浇口或流道要采取特别措施，阻止高压氮气反灌螺杆。

- 气针设计在厚壁处。

- 气针不可以设计在充填的末端（满射可以除外）。

- 尽可能保持多条气道等长。

2. 溢料包的设计

气辅成型有短射和满射两种状态。

- 短射：开始充气时型腔没有被完全冲填满。对于一般的壳体类零件，型腔已经基本填满，气辅是代替注塑保压提高塑件表面质量的最有效的手段。由于没有多余的材料，不用设计溢料包。对于一般把手类零件或厚壁件，型腔仅被充填了70%～98%，通过高压氮气的推动塑料充满型腔，通过控制料量，不用设计溢料包，如图8-7所示。产品表面在注塑结束的位置会有明显的停顿痕迹，对外观要求较高的产品不适用。

- 满射：开始充气时型腔已经被完全冲填满。对于外观要求比较高的产品，建议采用满射注塑工艺。由于充气时型腔有多余的料存在，要求在充气的末端设计溢料包，溢料口要求设计在厚壁处，如图8-8所示。对于简单的把手类零件，溢料包可以不设计开关阀门。对于局部存在薄壁的零件，为了保证薄壁能够在溢料前充分充填，溢料包必须设计开关阀门。溢料包的体积等于塑件中空的体积，溢料包在设计时必须考虑体积可调整，方便试模过程中工艺调整时引起溢料量的变化。

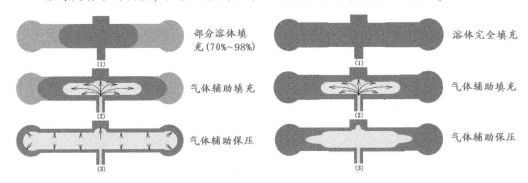

| 图8-7 短射法气辅成型 | 图8-8 满射法气辅成型 |

8.1.4 工艺参数调试的注意事项及解决方法

1）对于多根气针的气辅成型模具来讲，最容易产生进气不平衡，造成调试更加困难。

其主要现象为局部缩水。解决方法为放气时检查气体流畅性。

2）塑胶料的温度是影响生产的关键因素之一。气辅产品的质量对塑胶料温度更加敏感。射嘴料温过高会造成产品料花、烧焦等现象；料温过低会造成冷胶、冷嘴，以及封堵气针等现象。产品反映出的现象主要是缩水和料花。解决方法为检查塑胶料的温度是否合理。

3）对于注塑喷嘴直接进气的模具，手动状态下检查封针式射嘴回料时是否有溢料现象。如有此现象则说明气辅封针未能将射嘴封住。注气时，高压气体会倒流入料管。主要反映的现象为水口位大面积烧焦和料花，并且回料时间大幅度减少，打开封针时会有气体排出。主要解决方法为调整封针拉杆的长短。

4）充气的起始时间调整非常重要，过早充气则高压气体可能反灌螺杆，产品表面易产生手指效应；过晚充气则塑料固化，产品充气不足，表面易产生缩水。

5）检查气辅感应开关是否灵敏，否则造成不必要的损失。

6）气辅产品是靠气体保压，产品缩水时可适当减胶。主要是降低产品内部的压力和空间，让气体更容易穿刺到胶位厚的地方来补压。

8.2 满射法气辅成型案例——车门把手模流分析

利用满射气辅成型方法的塑胶产品在汽车零部件中比较常见，下面用一个汽车车门把手的气辅成型案例详解气辅成型全流程以及模流分析过程中出现问题的解决方法。

8.2.1 分析任务

设计题目：车门把手气体辅助成型。

产品 3D 模型图如图 8-9 所示。

规格：最大外形尺寸：23mm×5.6mm×8 mm
（长×宽×高）。

设计要求如下。

1）材料：ABS。

2）缩水率：收缩率统一为 0.005mm。

3）外观要求：表面质量好，制件无缺陷。

图 8-9 车门把手模型

8.2.2 前期准备

本案例的车门把手产品绝大部分为较大厚度的实体，需要充入惰性气体中空成型，以此减小产品的厚度，减少因收缩不均导致产品的翘曲缺陷。此外，中空成型还可以减少材料、提高产品的强度。

扫码看视频

1. 新建工程并导入注射模型

新建工程并导入注射模型的具体操作步骤如下。

01 启动 Autodesk Moldflow，然后单击【新建工程】按钮，在弹出的【创建新工程】对话框中输入工程名称及保存路径后，单击【确定】按钮完成工程的创建，如图 8-10 所示。

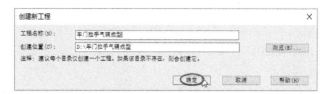

图 8-10　创建工程

02 在【主页】选项卡中单击【导入】按钮，在弹出的【导入】对话框中打开本例源文件夹中的 lashou. stl 模型文件，如图 8-11 所示。

03 在弹出的要求选择网格类型的【导入】对话框中选择【实体（3D）】类型作为本例的网格类型，再单击【确定】按钮完成模型的导入操作，如图 8-12 所示。

图 8-11　导入 lashou. stl 模型文件

图 8-12　选择网格类型

技术要点：

做气辅成型的产品通常都是厚壁的，因此要以【实体】的网格形式进行分析才精确。

04 导入的 stl 模型如图 8-13 所示。

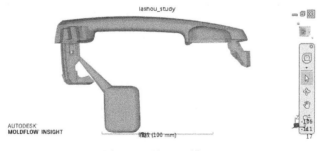

图 8-13　导入 stl 模型

技术要点：

如果导入 iges/igs 文件或其他实体模型，Autodesk Moldflow 可以自动转换成 stl 分析模型。

2. 网格的创建与修复

创建与修复网格的具体操作步骤如下。

01 在【主页】选项卡的【创建】面板中单击【网格】按钮，切换到【网格】选项卡。

02 单击【生成网格】按钮，然后在工程管理视窗的【生成网格】选项面板中设置【全局边长】的值为 2.5，单击【网格】按钮，程序自动划分网格，结果如图 8-14 所示。

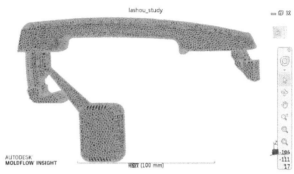

图 8-14　划分网格

03 统计网格。在【网格诊断】面板中单击【网格统计】按钮，再单击【网格统计】选项面板的【显示】按钮，程序立即对网格进行统计并显示网格统计结果信息，如图 8-15 所示。

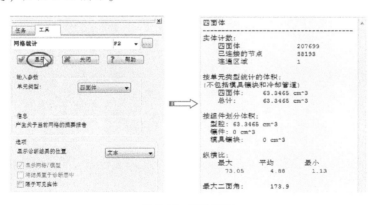

图 8-15　统计网格

04 从统计数据中可以看出，由于车门把手模型采用的是 3D 网格类型进行划分的，因此没有了中性面和双层面的网格缺陷。

05 网格划分之后，将结果先保存。

8.2.3　初步分析

前面介绍了气辅成型有短射法和满射法两种注塑方法。下面通过满射法方法进行车门把手的气辅成型模拟，以此得出最佳的成型方案。

1. 设计流道、浇口和气嘴

车门把手气辅成型模具的浇注系统是平衡的流道分布，模具为一模两腔形式，设计流道、浇口和气嘴的具体操作步骤如下。

01 在【几何】选项卡的【修改】面板中单击【型腔重复】按钮 ⬚⬚ 型腔重复，将会弹出【型腔重复向导】对话框。

02 在【型腔重复向导】对话框中设置型腔数、行数和行间距后单击【完成】按钮完成型腔布局设计，如图 8-16 所示。

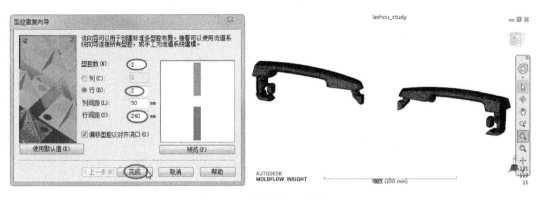

图 8-16 创建型腔布局设计

03 在【主页】选项卡的【成型工艺设置】面板中选择【气体辅助注塑成型】分析类型，然后单击【注射位置】按钮 💉，在如图 8-17 所示的位置放置注射锥。

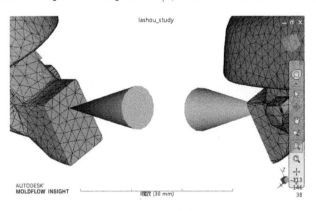

图 8-17 放置注射锥

04 在【几何】选项卡中单击【流道系统】按钮 ⚒ 流道系统，在【布局-第 1 页（共 3 页）】对话框中单击【浇口中心】按钮 ▭浇口中心(G)▭ 和【浇口平面】按钮 ▭浇口平面(A)▭，再单击【下一步】按钮进入【注入口/流道/竖直流道-第 2 页（共 3 页）】对话框，如图 8-18 所示。

05 在【注入口/流道/竖直流道-第 2 页（共 3 页）】对话框中设置注塑机喷嘴位置

的主流道入口直径、拔模斜度和主流道直径等，如图 8-19 所示。单击【下一步】按钮进入【浇口-第 3 页（共 3 页）】对话框。

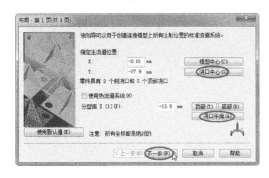

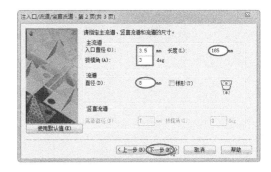

图 8-18　设置流道位置　　　　　　　　　　图 8-19　设置主流道尺寸和流道尺寸

06 在【浇口-第 3 页（共 3 页）】对话框中设置浇口尺寸，如图 8-20 所示。最后单击【完成】按钮自动创建流道系统，如图 8-21 所示。

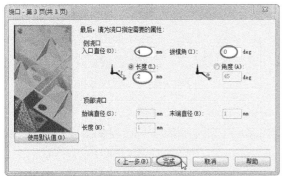

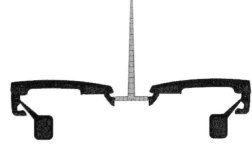

图 8-20　设置浇口尺寸　　　　　　　　　　图 8-21　自动创建流道系统

07 在【边界条件】选项卡中单击【设置入口】按钮 🔲，在弹出的【设置气体入口】对话框中保留默认的气体入口参数，然后在 3D 网格中放置气体入口，如图 8-22 所示。

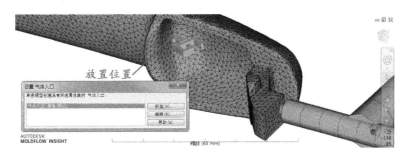

图 8-22　放置第一个网格模型的气体入口

08 同理，在不关闭【设置气体入口】对话框的情况下，在另一网格模型中相同位置放置气体入口，如图 8-23 所示。

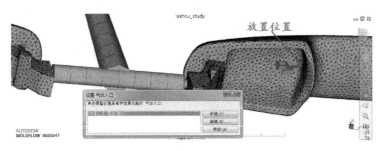

图 8-23　放置第二个网格模型的气体入口

2. 选择分析序列、指定溢料井、材料和工艺设置

选择分析序列、指定溢料井、材料和工艺设置的具体操作步骤如下。

01 单击【分析序列】按钮 ，在弹出的【选择分析序列】对话框中选择【填充+保压】分析序列，如图 8-24 所示。

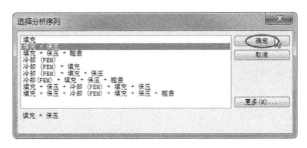

图 8-24　选择分析序列

02 在产品模型中已经利用 CAD 软件创建完成了溢料井，只需将溢料井部分的网格指定属性即可。在图形区中按 Ctrl 键以框选方式选中两个模型中溢料井部分的网格，如图 8-25 所示。

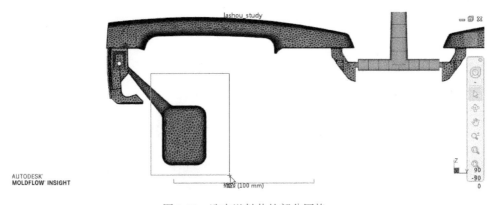

图 8-25　选中溢料井的部分网格

03 在【网格】选项卡的【属性】面板中单击【指定】按钮 指定，在【指定属性】对话框中选择【新建】下拉列表中的【溢料井（3D）】选项，如图 8-26 所示。

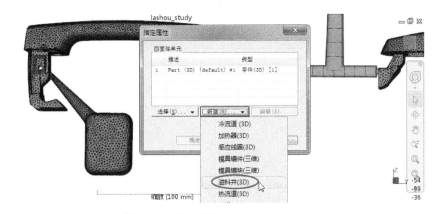

图 8-26 指定属性

04 在弹出的【溢料井（3D）】对话框的【阀浇口控制】选项卡中单击【选择】按
钮，选择阀浇口控制器，如图 8-27 所示。

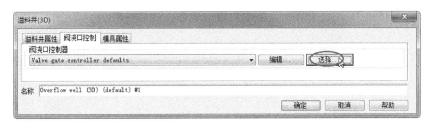

图 8-27 指定阀浇口控制器

05 单击【确定】按钮关闭【溢料井（3D）】对话框。再单击【指定属性】对话框
中的【确定】按钮关闭该对话框。

06 本例所用材料为 ABS，单击【选择材料】按钮 🐾，在弹出的【选择材料】对话
框中单击【搜索】按钮，搜索 ABS 材料及牌号，如图 8-28 所示。

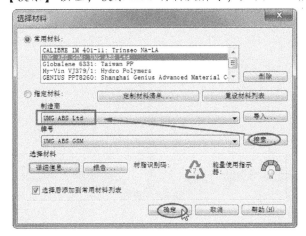

图 8-28 选择材料

07 初步分析时，保留系统默认的工艺设置，如图 8-29 所示。

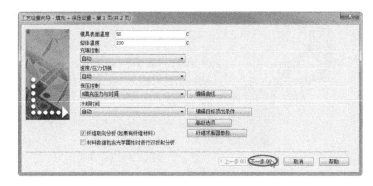

图 8-29　设置第 1 页

3. 运行初步分析

单击【开始分析】按钮 对车门把手网格模型进行气辅成型初步分析，如图 8-30 所示。

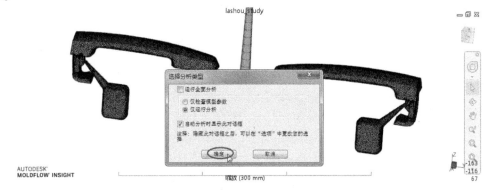

图 8-30　运行气辅成型分析

4. 结果解析

初步分析完成后，查看并解析结果，具体操作步骤如下。

01 查看溶体充填整个型腔的注射（即充填）时间，如图 8-31 所示。图中显示注射时间为 16.53s，注射时间较长。

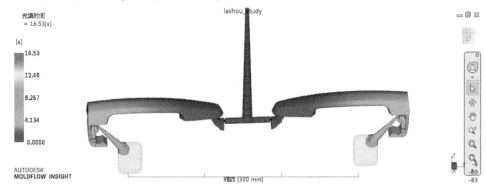

图 8-31　溶体注射时间

02 速度/压力切换时的压力。从如图 8-32 所示的切换压力图可以看出，溶体填充完成整个型腔时，切换到保压状态。

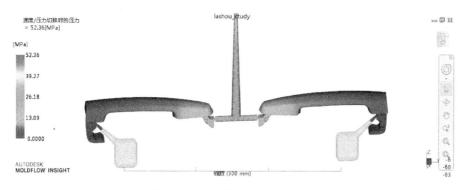

图 8-32　速度/压力切换时的压力

03 流动前沿温度。从流动前沿温度图中可以看出，整体温度温差不大，仅仅比默认的 230° 多出 8.5℃，效果还算理想，如图 8-33 所示。

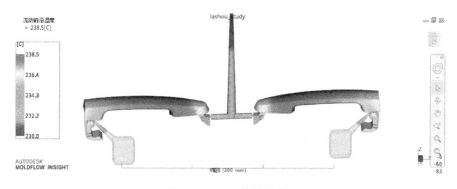

图 8-33　流动前沿温度

04 气体时间。查看氮气注入的时间图，不难发现注射的气体严重不足，主要原因是气体注射时的时间没有设置好，导致前面溶体填充接近完成时，气体才开始注入，如图 8-34 所示。

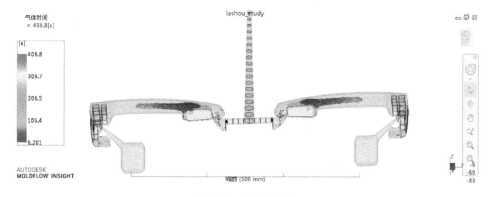

图 8-34　气体时间

05 查看气体型芯图可见所注入的气体量不足，如图 8-35 所示。

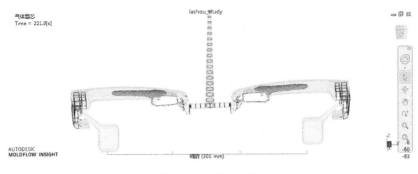

图 8-35　气体型芯

8.2.4　优化分析

针对初步分析的结果，得出主要的缺陷为其气体注入不足，导致制品产生严重收缩。接下来进行改善。在这里主要修改气体注射控制器的参数和工艺设置参数。

1. 参数设置

设置参数的具体操作步骤如下。

01 在工程任务视窗中复制车门把手的初步分析方案任务，并将其重命名为【优化分析】，如图 8-36 所示。

02 双击复制的方案任务进入该任务中。在图形区中选中气体入口，然后单击鼠标右键再在弹出的快捷菜单中选择【属性】命令，如图 8-37 所示。

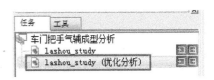

图 8-36　复制初步分析方案任务

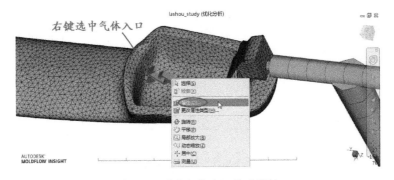

图 8-37　选中气体入口修改属性

03 在弹出的【气体入口】对话框中单击【编辑】按钮 编辑... ，在弹出的【气体辅助注射控制器】对话框。在对话框中修改气体延迟时间为 8s，意思就是让溶体填充完成后让溶体外壁冷却，内部仍然为高温状态下气体开始注射，如图 8-38 所示。

图 8-38　修改气体延迟时间

技术要点：

设置气体延迟时间为 8s，在溶体温度稍降后注射气体，不至于形成穿透。

04 单击【编辑控制器设置】按钮 编辑控制器设置... ，在弹出的【气体压力控制器设置】对话框中设置气体压力与时间的关系参数，设置气体注射时间为 3s，气体压力为 20MPa，如图 8-39 所示。

技术要点：

一般情况下，氮气控制器的压力设定为 20MPa~30MPa。

05 设置完成后单击【确定】按钮结束气体入口的属性设置。

06 单击【工艺设置】按钮 ，在弹出的【工艺设置向导–填充+保压设置】对话框中设置充填时间为 5s，【速度/压力切换】为【自动】控制，如图 8-40 所示。

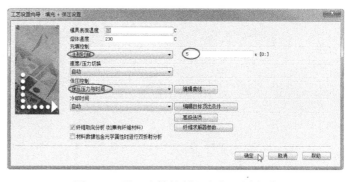

图 8-39　设置气体压力与时间参数　　　　图 8-40　设置充填控制和速度/压力切换

技术要点：

溶体充填时间为 5s，气体注射时间为 3s，那么总共注射时间为 8s。

07 重新执行分析。

2. 分析结果

分析结果的具体操作步骤如下。

01 查看优化后的溶体充填整个型腔的注射时间，如图 8-41 所示。图中显示注射时间为 9.670s，注射时间比预设注射时间多了 1.67s。溶体完全充满整个型腔，多余的溶体进入了溢料井。左右溢料井的充填不相等，跟两个型腔的气体入口位置有关系，左右两边不平衡。

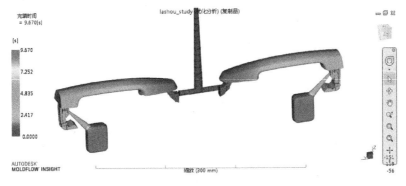

图 8-41　溶体注射时间

02　速度/压力切换时的压力。从如图 8-42 所示的切换压力图可以看出，溶体填充完成整个型腔，然后切换为保压。

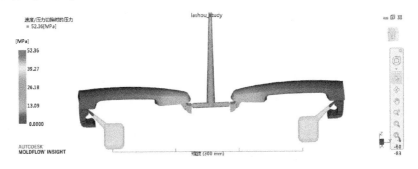

图 8-42　速度/压力切换时的压力

03　流动前沿温度。与优化前相比，没有变化，效果理想，如图 8-43 所示。

图 8-43　流动前沿温度

04　气体时间。查看氮气注入的时间图，效果不理想，气体延迟 3s 注入型腔后，将多余的熔融料推入了溢料井，但是气体也将料里末端吹穿而进入溢料井中，这是不允许的，如图 8-44 所示。

05　查看如图 8-45 所示的气体型芯图。气体已经注射进了溢料井（吹穿），这就使得此位置会留下一个小洞，这是不允许的，至少本例的车门把手零件是不允许的。

有些对零件要求不是很高时或许可以忽略这样的吹穿。

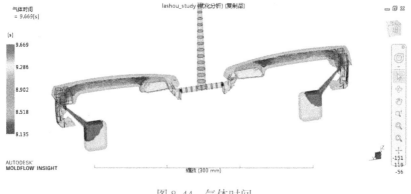

图 8-44　气体时间

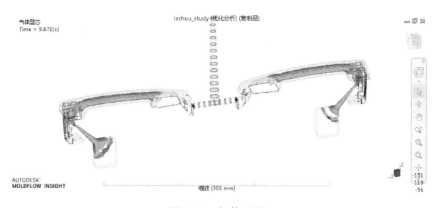

图 8-45　气体型芯

技术要点：

在溢料井中没有废料，或者是废料较少，说明溢料井体积太大，需要建模时修改。否则不能进行正常保压，会导致产品内部缺陷。通过分析日志里面给出的气体体积，在三维软件中对溢料井部分进行体积计算，保持相等就行，为节省读者学习时间，此处不做过多详解。

8.2.5　再次优化

针对气体注射到溢料井里面去了这个问题，我们还要进一步调试部分工艺参数，达到完美的气辅成型效果。

1. 分析问题

一般情况下，出现难以解决的问题，应该学会读分析日志，因为分析日志"会说话"，会告诉用户哪里出现了问题。图 8-46 所示为在气体注射的最后阶段出现的警告与短射信息。

【警告】信息所表达的意思是：溶体温度过高，或者模具温度过高。

【短射】信息所表达的意思是：气体从溢料井位置吹穿。如果在功能区【结果】选项卡的【动画】面板中拖动动画滑块，拖动到 9.605s 位置时，可以很清楚地看到，气体刚好完成注射量，如图 8-47 所示。

```
|  9.663 |100.000 |        | 2.81E+01 | 1.01E+02 |  9.18 |   1 | 17.848| 2.000E+01|   G
|  9.664 |100.000 |        | 2.82E+01 | 1.01E+02 |  9.23 |   1 | 17.848| 2.000E+01|   G
** 警告 305320 ** 某些区域已达到超高聚合物温度。
              将应用温度限制   420.00 C。
|  9.665 |100.000 |        | 2.86E+01 | 1.01E+02 |  8.69 |   1 | 17.848| 2.000E+01|   G
|  9.666 |100.000 |        | 2.86E+01 | 1.01E+02 |  8.80 |   1 | 17.848| 2.000E+01|   G
|  9.667 |100.000 |        | 2.88E+01 | 1.01E+02 |  8.93 |   1 | 17.848| 2.000E+01|   G
|  9.668 |100.000 |        | 2.89E+01 | 1.01E+02 |  9.08 |   1 | 17.848| 2.000E+01|   G
|  9.669 |100.000 |        | 2.89E+01 | 1.01E+02 |  9.26 |   1 | 17.848| 2.000E+01|   G
*************************************************************

** 短射 **  气体从熔体前沿吹穿。

*************************************************************
|  9.670 |100.000 |        | 2.92E+01 | 1.01E+02 |  8.99 |   1 | 17.848| 2.000E+01|   G
```

图 8-46 分析日志中的问题

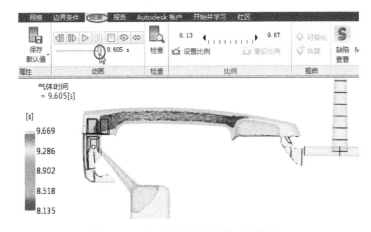

图 8-47 通过动画检查气体吹穿情况

那么是什么原因导致吹穿的呢？一般说来，导致气体吹穿的主要原因还是注射速度较快和气体压力过大。

技术要点：

气体压力大，易于穿透，但容易吹穿；气体压力小，可能出现充模不足，填不满或制品表面有缩痕；注气速度高，可在熔料温度较高的情况下充满模腔。对流程长或气道小的模具，提高注气速度有利于熔胶的充模，可改善产品表面的质量，但注气速度太快则有可能出现吹穿，对气道粗大的制品则可能会产生表面流痕、气纹。

2. 重新设置工艺参数和气体入口属性

经过前面的分析与判断，得出以下结论。

- 模温及料温（溶体温度）过高，导致出现警告。
- 或许充填过长，型腔壁的冻结体积增加，进而导致气体注射压力增加，吹穿末端。
- 建议保压控制改为气体注射控制，也就是保压压力与时间均不设置参数。
- 设置气体入口属性时，气体延迟时间改为 2s，延迟时间过久也会使溶体冻结体积增加，气体注射困难，导致壁太厚和气体注射不足现象。

- 气体与压力时间调试比较麻烦，毕竟不会一次就会达到目标，估计需要多次反复分析才能得出有效的气压和时间关系，尽量保证气压高峰时期不超过 30MPa，不会低于 20MPa。

01 在工程任务视窗中复制车门把手的优化分析方案任务【lashou_study（优化分析）】，并将其重命名为【lashou_study（再次优化分析）】，如图 8-48 所示。双击复制的方案任务进入该任务分析环境中。

02 在图形区中选中气体入口，然后单击鼠标右键，再在弹出的快捷菜单中选择【属性】命令，如图 8-49 所示。

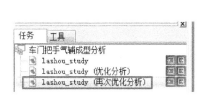

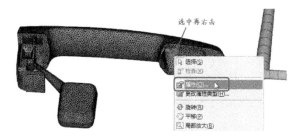

图 8-48　复制初步分析方案任务　　　　图 8-49　选中气体入口修改属性

03 在弹出的【气体入口】对话框中单击【编辑】按钮 编辑... ，在弹出的【气体辅助注射控制器】对话框中修改气体延迟时间为 2s，如图 8-50 所示。

图 8-50　修改气体延迟时间

04 单击【编辑控制器设置】按钮 编辑控制器设置... ，在【气体压力控制器设置】对话框中设置气体压力与时间的关系参数，如图 8-51 所示。设置完成后单击【确定】按钮结束气体入口的属性设置。

05 单击【工艺设置】按钮 🌡，在弹出的【工艺设置向导】对话框中设置充填时间为 4s，【模具表面温度】为 50℃，【溶体温度】为 200℃，如图 8-52 所示。

图 8-51　设置气体压力与时间参数　　　图 8-52　设置模温、料温和注射时间

06 单击【保压控制】选项区中的【编辑曲线】按钮 编辑曲线 ，在弹出的【保压控制曲线设置】对话框中去除所有保压压力与时间的参数，如图 8-53 所示。

技术要点：

在【保压控制曲线设置】对话框中单击选中数字，然后按键盘的 Backspace（退格）键或 Delete（删除）键清除数字即可。

07 单击【开始分析】按钮 重新执行分析。

3. 分析结果

分析结果的具体操作步骤如下。

01 查看优化后的溶体充填整个型腔的注射时间，如图 8-54 所示。图中显示注射时间为 19.83s，比第一次优化分析时注射时间多了 10s 左右。说明在注射溶体时只需 4s，余下的时间则是气体注射型腔后推动溶体进入溢料井的时间（其实也是气体时间）。

图 8-53　清除保压与时间参数

图 8-54　溶体注射时间

02 速度/压力切换时的压力。从如图 8-55 所示的切换压力图中可以看出，当溶体注射到型腔的 70.63% 时，速度转换为气压。由气体注射推动前端溶体继续充填完成余下的型腔体积。从本次的压力图看，比上次优化分析时，压力切换点的压力要大，说明了第一次充填时所遇到的阻力较小，导致气体直接吹入溢料井。本次明显可见阻力加大，气体不容易吹穿。

图 8-55　速度/压力切换时的压力

03 流动前沿温度。从流动前沿温度图中可以看出，整个料流前端温度和末端温度仅相差 2.6℃（210.3℃-207.7℃），注射最低温度在浇口位置，因此整体充填还是非常均衡的，制件不会出现常见缺陷，如图 8-56 所示。

图 8-56　流动前沿温度

04 气体时间。查看氮气注入的时间图，效果非常理想，气体延迟 3s 注入型腔后，将多余的熔融料推入了溢料井，如图 8-57 所示。

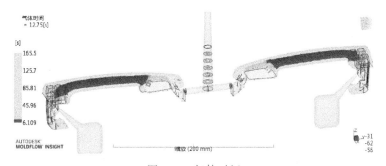

图 8-57　气体时间

05 查看气体型芯图，如图 8-58 所示。所注入的气体量合适，没有任何的穿透。说明再次优化分析的效果还算是满意的。但是从气体型芯形成的时间看，165.5s 的时间太长，或许是气体注射完成后，冷却时间太长导致的，需要继续改进。

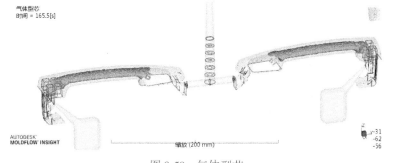

图 8-58　气体型芯

8.2.6　第三次优化

针对第二次优化时出现的气体型芯时间太长的问题，初步判断是没有设置冷却时间，所以按照默认的冷却速度和时间对整个型腔进行冷却，产生较多的冗余时间。第三次优化的具体操作步骤如下。

01 在工程任务视窗中复制车门把手的优化分析方案任务【lashou_study（再次优化分析）】，并将其重命名为【lashou_study（第三次优化分析）】，如图 8-59 所示。双击复制的方案任务进入该任务分析环境中。

02 单击【工艺设置】按钮，在弹出的【工艺设置向导】对话框中设置冷却时间为 10s，其他参数保持默认，如图 8-60 所示。

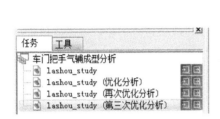

图 8-59 复制初步分析方案任务

图 8-60 设置冷却时间

03 重新执行分析。经过一段时间的分析，得到新的气辅成型分析结果。

04 查看气体型芯的时间为 21.11s，如图 8-61 所示。经过调试冷却时间后，整个气辅成型方案得到圆满解决。

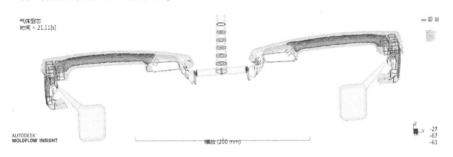

图 8-61 气体型芯时间

8.3 短射法气辅成型案例——手柄模流分析

在上节中，学习了气辅注塑成型的满射法分析案例。通过设置溢料井，气体注入后完全可以把多余的溶体推送到溢料井中，分析的结果与实际注塑情况也是完全吻合的。

但是，如果是使用短射法的气辅成型工艺，是不需要设计溢料井的，那么就会出现一个难以解决的问题：如何确定溶体注射量？以及氮气气体的注入量？

笔者曾做过多次的调整，包括模温、料温以及其他工艺参数的设置（如充填控制、速度/压力切换、保压控制、冷却控制），但都不能使其完全注入整个溶体的内部，不仅消耗了大量的时间，同时也没有得到一个满意的模拟效果。

接下来在本节中，将详细介绍短射法气辅成型分析模拟过程。

8.3.1 分析任务

设计题目：手柄气体辅助成型。

产品 3D 模型图如图 8-62 所示。

规格：最大外形尺寸：145mm×50mm×75 mm（长×宽×高）。

设计要求如下。

1）材料：ABS。

2）缩水率：收缩率统一为 0.005mm。

3）外观要求：表面质量好，制件无缺陷。

图 8-62　手柄模型

8.3.2 前期准备

由于要进行工艺优化分析，且此类别的分析对象仅为中性面或双层面网格，因此本例分析模型将采用双层面网格进行分析模拟。

扫码看视频

1. 新建工程并导入注射模型

新建工程并导入注射模型的具体操作步骤如下。

01 启动 Autodesk Moldflow，然后单击【新建工程】按钮，在弹出的【创建新工程】对话框中输入工程名称及保存路径后，单击【确定】按钮完成工程的创建，如图 8-63 所示。

02 在【主页】选项卡中单击【导入】按钮，在弹出的【导入】对话框中打开本例源文件夹的【手柄 .stl】模型文件，如图 8-64 所示。

图 8-63　创建工程

03 在弹出的要求选择网格类型的【导入】对话框中选择【实体（3D）】类型作为本例的网格类型，再单击【确定】按钮完成模型的导入操作，如图 8-65 所示。

图 8-64　导入 stl 模型文件

图 8-65　选择网格类型

04 导入的 stl 模型如图 8-66 所示。

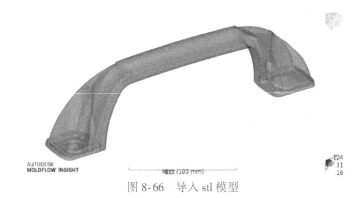

图 8-66　导入 stl 模型

2. 网格的创建

创建网格的具体操作步骤如下。

01 在【主页】选项卡的【创建】面板中单击【网格】按钮，切换到【网格】选项卡。

02 单击【生成网格】按钮，然后在工程管理视窗的【生成网格】选项面板中设置【全局边长】的值为 1.5，单击【网格】按钮，程序自动划分网格，结果如图 8-67 所示。

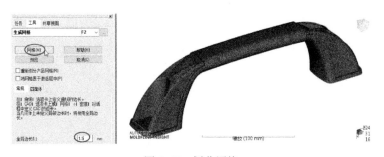

图 8-67　划分网格

03 统计网格。在【网格诊断】面板中单击【网格统计】按钮，再单击【网格统计】选项面板中的【显示】按钮，程序立即对网格进行统计并弹出【网格信息】对话框，如图 8-68 所示。

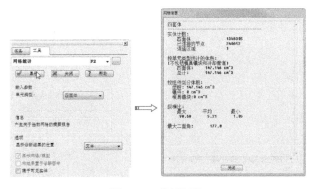

图 8-68　统计网格

04 从统计数据中可以看出，由于手柄模型采用的是 3D 网格类型进行划分的，因此没有了中性面和双层面的网格缺陷。

05 网格划分之后，保存结果。

8.3.3 初步分析

上一案例介绍了气辅成型的满射法方法，本案例通过短射法方法进行手柄的气辅成型模拟，以此得出最佳的成型方案。

1. 浇口和气嘴

设置浇口和气嘴的具体操作步骤如下。

01 在【主页】选项卡的【成型工艺设置】面板中选择【气体辅助注塑成型】分析类型，然后单击【注射位置】按钮，在如图 8-69 所示的位置放置注射锥。

02 在【边界条件】选项卡中单击【设置入口】按钮，在弹出的【设置气体入口】对话框中保留默认的气体入口参数，然后在 3D 网格中放置气体入口，如图 8-70 所示。

图 8-69　放置注射锥

图 8-70　放置第一个网格模型的气体入口

03 同理，在不关闭【设置气体入口】对话框的情况下，在另一网格模型中相同位置放置气体入口。

2. 选择分析序列、指定溢料井和材料以及相关工艺设置

选择分析序列、指定溢料井和材料以及相关工艺设置的具体操作步骤如下。

01 单击【分析序列】按钮，在弹出的【选择分析序列】对话框中选择【填充】分析序列，如图 8-71 所示。

02 本案例所需材料为 ABS，单击【选择材料】按钮，在【选择材料】对话框的【常用材料】列表框中选择 ABS 材料（此

图 8-71　选择分析序列

处显示材料商及型号名称），如图 8-72 所示。

03 初步分析时，保留系统默认的工艺设置。

04 单击【开始分析】按钮，对模型进行初步的气辅成型分析，如图 8-73 所示。

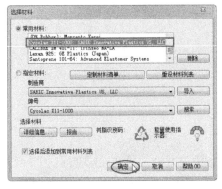 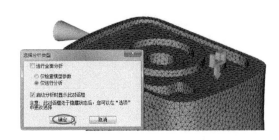

图 8-72　选择材料　　　　　　　　　图 8-73　运行气辅成型分析

3. 结果解析

初步分析完成后，查看并解析结果，具体操作步骤如下。

01 查看溶体充填整个型腔的注射时间，如图 8-74 所示。图中显示注射时间为
12.28s，注射时间较长。

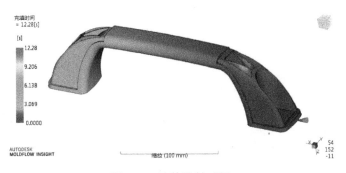

图 8-74　溶体注射时间

02 速度/压力切换时的压力。从如图 8-75 所示的切换压力图中可以看出，溶体填充
完成整个型腔的 95%~99% 时，切换到保压状态。

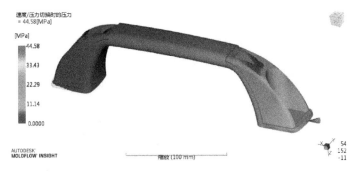

图 8-75　速度/压力切换时的压力

03 流动前沿温度。从流动前沿温度图中可以看出，整体温度温差较大，主要体现局部的加强筋位置，严重者导致欠注，如图 8-76 所示。

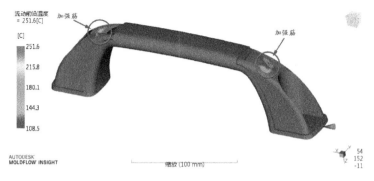

图 8-76　流动前沿温度

04 气体时间。查看氮气注入的时间图，不难发现注射的气体量严重不足，主要原因是溶体注射量过多，导致气体注入量减少，如图 8-77 所示。

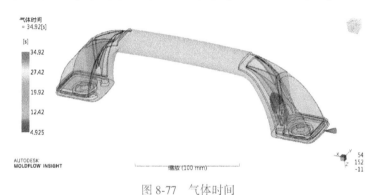

图 8-77　气体时间

05 查看气体型芯图，发现所注入的气体量不足，如图 8-78 所示。

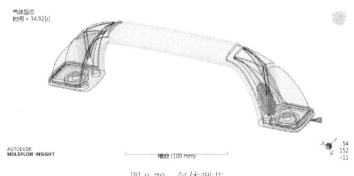

图 8-78　气体型芯

8.3.4　优化分析

短射法的气辅成型的控制难度是非常高的，难点在于精确控制气体填充体积、溶体体积、模具温度、溶体温度、气体注射压力、气体延迟注射时间和冷却时间等参数。为此，要得到一个比较好的气辅效果需要反复进行调试和分析。

1. 第一次优化

从默认的气辅充填分析结果看，仅仅注射了很少的气体到型腔中，而溶体所占型腔的体积比例是相当高的，因此首先考虑的是要设置溶体和气体的各占体积比。其次，第一次默认设置气体的延迟时间为 1.16s，意思是说当溶体注射完成后，延迟 1.16s 开始注射气体。这个延迟时间并不是造成气体注射量少的主要因素，不过延迟时间设置得少，即使气体量大了，很容易吹穿，形成欠注现象。

另外一个比较重要的因素就是气压控制器。默认是气压压力与时间关系如图 8-79 所示。从图中可以看出，气体注射时间是 10s，时间并不短，关键是压力值太小，而且是均衡的，可以将其调整大一些，以此找出合理的压力与时间。原则上浇口与气体注射口的位置应尽量近一些，当然也可以将浇口与气体注射口设置为同一位置。

基于以上几点分析，下面进行第一次优化分析，具体操作步骤如下。

01 在工程视窗复制【手柄_study】方案任务，然后将其重命名为【手柄_study（优化分析）（1）】，如图 8-80 所示。

图 8-79　气压压力与时间关系

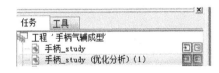

图 8-80　复制方案任务

02 双击复制的工程方案任务，进入该方案任务的分析环境中。

03 在方案任务视窗中双击【1 个注射位置】方案任务，然后删除原浇口位置，并在气体注射口位置放置新的注射锥，如图 8-81 所示。

04 在方案任务视窗双击【工艺设置】方案任务，在打开的【工艺设置向导】对话框中设置如图 8-82 所示的选项。

图 8-81　重设气体浇口位置

图 8-82　设置工艺参数

技术要点：

这里仅仅设置【速度/压力切换】选项为【由%充填体积】，且充填体积比为80%。所表达的含义就是：当溶体注射到型腔的80%时不再继续注射，切换到保压状态（此时的保压状态其实是气体开始充填的状态），然后改由气体注射到型腔中，并推动腔内的溶体（高温流动状态）继续前行，直至填充20%左右的气体，使气体和溶体共同占满整个型腔。此外，由于不清楚其他具体问题，因此需要逐一的设置工艺参数去调试，不要想一次就成功。

05 查看保压设置。单击【编辑曲线】按钮，原来默认的保压控制曲线参数设置如图 8-83 所示。这说明了第一次气辅成型时充填完99%的溶体后随即进入保压状态，并且压力很高，间接造成气体无法进入型腔。因此，溶体充填完成后与气体开始充填这一接合时间段根本就不需要保压。重新设置保压控制曲线参数，如图 8-84 所示。

图 8-83　默认分析时的保压参数

图 8-84　清除所有保压参数

06 设置注塑机的基本参数，便于注塑控制的调整。单击【高级选项】按钮 **高级选项...**，在弹出的【填充+保压分析高级选项】对话框中单击【注塑机】下拉列表旁的【编辑】按钮 **编辑...**，如图 8-85 所示。

图 8-85　编辑注塑机

07 在弹出的【注塑机】对话框中设置【注射单元】选项卡中的相关参数（参考了海天注塑机 200×B 的型号），如图 8-86 所示。

08 在【注塑机】对话框中设置【液压单元】选项卡中的相关参数，如图 8-87 所示。完成后依次关闭对话框。

图 8-86　设置注射单元

图 8-87　设置【液压单元】选项卡的相关参数

09 在图形区选中气体注射口，单击鼠标右键并在弹出的快捷菜单中选择【属性】命令，将会弹出【气体入口】对话框，如图 8-88 所示。

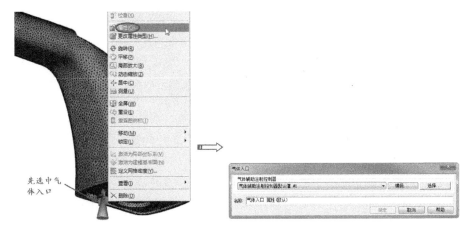

图 8-88　打开【气体入口】对话框

10 在【气体入口】对话框中单击【编辑】按钮，在弹出的【气体辅助注射控制器】对话框中设置气体延迟时间为 1s（测试下此时间与结果有何关系），如图 8-89 所示。

11 在【气体辅助注射控制器】对话框中单击【编辑控制器设置】按钮，在弹出的【气体压力控制器设置】对话框中设置新的气体压力与时间参数，完成后单击【确定】按钮关闭对话框，如图 8-90 所示。

图 8-89　设置气体延迟时间

图 8-90　设置气体压力与时间

> 🔲 **技术要点：**
>
> 　　其实通常来说，用户对真正的气体控制器的具体参数也不是很了解，因此先设置尽量大的注射压力，验证随后的充填效果。

12 重新开始分析，经过漫长的分析时间后（分析一次至少 5h，并且要看设计者的计算机硬件具体配置），得出第一次优化分析结果。

初步分析完成后，查看并解析第一次优化结果，具体操作步骤如下。

01 查看溶体充填整个型腔的注射时间，如图 8-91 所示。图中显示溶体的整个充填时间为 8.455s，注射时间比第一次要短。

02 流动前沿温度。从流动前沿温度图中可以看出，比之前要好很多，至少完成了右侧的不平衡改善，说明浇口的重新设置还是起到了重要作用，如图 8-92 所示。

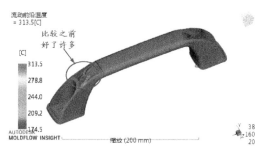

图 8-91　溶体充填时间　　　　　　　　　　　　图 8-92　流动前沿温度

03 气体时间。查看氮气注入的时间图，虽然已经充填了较多的气体，但是还没有达到所需的气体量，而且气体入口处还有气体乱串，差点吹穿，如图 8-93 所示。

04 查看气体型芯图，发现所注入的气体量仍然不足，如图 8-94 所示。

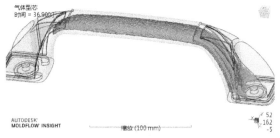

图 8-93　气体时间　　　　　　　　　　　　　　图 8-94　气体型芯

2. 第二次优化

在保证尽量减少优化次数的情况下，需要结合分析日志找出解决方法。从日志看，开始充填阶段，出现了一次警告【某些区域已达到超高聚合物温度】，如图 8-95 所示。

```
充填阶段(GAIM)：                状态：U  = 速度控制
================                     U/P = 速度/压力切换
                                     P   = 聚合物压力控制
                                     G   = 气体压力控制
```

时间	充填体积	注射压力	锁模力	流动速率	冻结	气体注射		状态
						指数	体积	压力	
(s)	(%)	(MPa)	(tonne)	(cm^3/s)	体积(%)		(%)	(MPa)	
0.002	0.027	6.957E-01	5.45E-05	20.143	0.00				U
0.006	0.127	2.670E+00	4.82E-04	12.473	0.00				U
0.012	0.228	5.896E+00	8.30E-04	11.182	0.00				U
0.022	0.654	1.013E+01	1.36E-03	31.920	0.00				U
0.038	1.514	1.344E+01	1.98E-03	67.534	0.00				U
0.052	2.537	1.497E+01	2.65E-03	100.441	0.00				U
** 警告 305320 ** 某些区域已达到超高聚合物温度。 将应用温度限制　410.00 C。									
0.076	4.685	1.553E+01	4.02E-03	120.721	0.00				U

图 8-95　充填之初出现的警告

这次警告说明了一个问题，就是模温与料温（溶体温度）均高出合理值。材料是 ABS，结合前面第 4 章表 4-2 中提供的常用塑料注射工艺参数，找出模具温度在 50℃~70℃，溶体温度在 180℃～230℃（料筒温度推算，溶体温度比料筒温度要高一点）的材料。

接下来继续看分析日志。从如图 8-96 所示中可以看出，在充填进行到 0.898s、溶体充填体积为 79.780% 时，速度与压力开始切换，这与预设（80%）的差不多。在 V/P 切换时，溶体继续填充型腔，直至 1.901s 时，气体注射才开始。

图 8-97 所示为气体注射开始后，注射压力变为 0，而气体压力也是从 5.391（负 2 次方）MPa 到 1.075（负一次方）MPa，随之气体注射时间的推移，气体压力也是不断变化，由高到低、再由低到高，这些参数直接反映了注塑机在根据预设的工艺参数和气体控制参数后进行的实际工作。

```
| 0.898 | 79.780 | 1.881E+01 | 1.31E+00 | 133.503 | 0.05 |     |     |     |     | U |
在速度控制下已充填指定的体积。正在切换到压力控制。
已达到压力曲线的末端。
| 0.901 | 80.059 | 1.893E+01 | 1.31E+00 | 132.289 | 0.05 |     |     |     |     | V/P |
| 0.914 | 80.564 | 1.398E-01 | 7.73E-02 |  65.721 | 0.05 |     |     |     |     | P |
| 0.966 | 80.737 | 1.120E-02 | 5.96E-03 |   0.000 | 0.07 |     |     |     |     | P |
| 1.172 | 80.816 | 6.829E-03 | 3.62E-03 |   0.000 | 0.15 |     |     |     |     | P |
| 1.901 | 80.920 | 1.004E-03 | 5.0AE-04 |   0.000 | 0.75 |     |     |     |     | P |
气体控制器指数 # 1 中的气体注射已开始。
```

图 8-96　V/P 切换后气体开始充填的日志

气体控制器指数 # 1 中的气体注射已开始。

| 时间 | 充填体积 | 注射压力 | 锁模力 | 零件质量 | 冻结体积(%) | 气体注射 | | | 状态 |
(s)	(%)	(MPa)	(tonne)	(g)		指数	体积(%)	压力(MPa)	
1.906	80.928		1.59E-03	1.09E+02	0.75	1	0.000	5.391E-02	G
1.912	80.928		1.17E-03	1.09E+02	0.76	1	0.000	1.075E-01	G
1.933	80.928		4.14E-04	1.09E+02	0.78	1	0.000	3.152E-01	G
2.011	80.928		1.74E-02	1.09E+02	0.88	1	0.002	1.10AE+00	G
2.033	80.928		2.20E-01	1.09E+02	0.90	1	0.013	1.315E+00	G
6.900	99.999		4.79E+01	1.10E+02	7.12	1	24.434	4.999E+01	G
6.901	99.999		4.79E+01	1.10E+02	7.12	1	24.435	5.000E+01	G
6.904	99.999		4.79E+01	1.10E+02	7.13	1	24.438	5.001E+01	G
6.909	99.999		4.79E+01	1.10E+02	7.13	1	24.443	5.00AE+01	G
6.919	99.999		4.80E+01	1.09E+02	7.14	1	24.453	5.009E+01	G
6.939	99.999		4.81E+01	1.09E+02	7.17	1	24.473	5.019E+01	G
6.980	99.999		4.83E+01	1.09E+02	7.22	1	24.512	5.040E+01	G
7.078	99.999		4.87E+01	1.09E+02	7.33	1	24.587	5.088E+01	G
7.439	99.999		5.05E+01	1.09E+02	7.72	1	24.767	5.269E+01	G
8.455	100.000		5.54E+01	1.10E+02	8.72	1	25.043	5.777E+01	G

图 8-97　气体注射过程

 技术要点：

日志中的压力值 **5.391E-02**（图 8-97 右侧第一行），其中 E 表示有效值，-02 表示负二次方。如果是 +03 则表示为三次方。5.391e-02 的正确读法是：有效压力值为 5.391^{-2} MPa。实际压力为 0.0539MPa。

 知识链接：冻结体积

日志中的【冻结体积】选项的意思是随着溶体充填和气体注射的持续进行，靠近模具型腔壁的溶体会逐渐冷却凝固（因为模具温度远低于溶体温度）。而这个冻结体积的值也是跟气体延迟时间的设置是息息相关的。冻结体积越大（气体延迟时间越大），气体渗透越不容易。但超长的延迟时间反而会导致产品壁厚重（产生收缩），延迟时间太短，气体就更容易穿透了。

根据这些值，可以对气体压力与时间做出更改。下面进行详细的参数设置，具体操作步骤如下。

01 复制【手柄_study（优化分析）（1）】方案任务，并将其重命名为【手柄_study（优化分析）（2）】，如图 8-98 所示。

02 在方案任务视窗双击【工艺设置】方案任务，将会弹出【工艺设置向导】对话框。由于第一次优化结果中气体量还是不足，有理

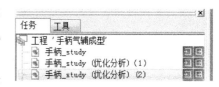

图 8-98　复制并重命名方案任务

由怀疑是溶体充填体积设置得不够小，因此在【工艺设置向导】对话框中设置【速度/压力切换】为 70%（只能是一步一步慢慢调），【模具表面温度】为 65℃，【溶体温度】为 230℃，【冷却时间】缩短为 10s（整个注塑周期超过 36s，耗时太长了），如图 8-99 所示。

图 8-99　重新设置工艺参数

03 修改气体入口的属性。在【气体辅助注射控制器】对话框中设置【气体延迟时间】为 2.7s，由于入口位置差点被吹穿，估计是延迟时间太短，溶体部位在高温情况下更可能被吹穿，如图 8-100 所示。

04 在【气体辅助注射控制器】对话框中单击【编辑控制器设置】按钮 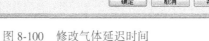，这次调整气体压力与时间，将气体压力和时间分别加长，如图 8-101 所示。验证一下是否是由于气压不足、时间不够导致的气体注射量不够。

图 8-100　修改气体延迟时间　　　　　图 8-101　设置气体压力和时间

05 重新开始分析，经过漫长的分析时间后得出第二次优化分析结果。

初步分析完成后，查看并解析第二次的优化结果，具体操作步骤如下。

[01] 查看溶体充填整个型腔的注射时间，如图 8-102 所示。图中显示溶体的整个充填时间为 5.934s，注射时间更短。

[02] 流动前沿温度。从流动前沿温度图中可以看出，整体的溶体温度也降下来了，接近预设值 230℃。而温度差从左侧移动到了右侧的加强筋部位，如图 8-103 所示。

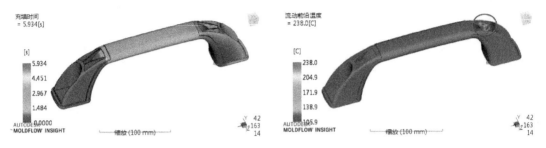

图 8-102　溶体充填时间　　　　　　　　　图 8-103　流动前沿温度

[03] 气体时间。查看氮气注入的时间图，气体时间比第一次优化时增加了 5s 左右（第二次为 11.28s），同时也充填了足够多的气体，气体量虽然足够，但左侧的气体渗透情况比较严重，差点也形成吹穿了制件侧壁造成的制件缺陷，这个需要重点修正和解决，尽量避免类似情况发生，如图 8-104 所示。稍后会结合分析日志查看到底是哪里出了问题。

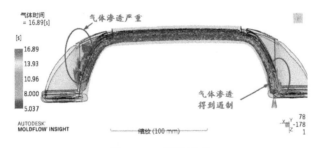

图 8-104　气体时间

[04] 查看气体型芯图，如图 8-105 所示。

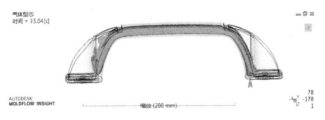

图 8-105　气体型芯

3. 第三次优化

这次优化将重点解决气体渗透问题。首先看动画结果，在【结果】选项卡中拖动动态滑块，滑到 6.025s 位置（轻轻拖动滑块时会自动移动到此位置），如图 8-106 所示。可以看出，当气体注射到 6.025s 时已经接近气体注射的最后阶段，此时可以看出，气体已经在渗透了，只是渗透效果不算太严重。

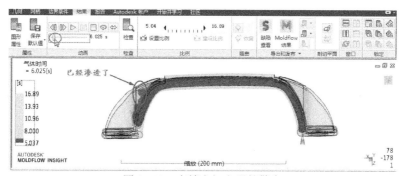

图 8-106 充填之初出现的警告

继续拖动滑块到 16.89s，气体在后期的保压状态下，持续地注射进型腔，加重了气体渗透问题。这个说明了什么问题呢？首先验证了之前在工艺设置参数中设置的溶体体积为 69% 是没有问题的，也就是说跟注塑工艺参数没有关系了，同时也说明了问题出现在气体控制器的设置。

接下来继续看分析日志。图 8-107 所示为当溶体充填到 6.176s 时，气体体积已经到了 30.569%。这与之前设置溶体充填体积非常接近了（100%-30.569%≈69%），而这个时间也跟前面拖动滑块时的 6.025s 也是非常接近的，说明了在正常情况下溶体和气体注射到整个型腔的时间应该在 6s 左右（或者多一点）。这给接下来的气体控制器的设置提供了重要参考。

保压分析

时间	充填体积	注射压力	锁模力	零件质量	冻结	气体注射			状态
						指数	体积	压力	
(s)	(%)	(MPa)	(tonne)	(g)	体积(%)		(%)	(MPa)	
5.999	100.000		9.05E+00	9.97E+01	8.98	1	30.551	9.624E+00	G
6.176	100.000		1.07E+01	1.00E+02	8.97	1	30.569	1.139E+01	G
6.361	100.000		1.25E+01	1.00E+02	9.89	1	30.725	1.324E+01	G

图 8-107 查看 6.176s 时的气体体积

图 8-108 所示为气体注射完成后的日志情况。说明了一个问题：就是在 24.288s 时完成注射，气体体积已经超出了 31% 预设，并且还有一段 0 气压（也是保压阶段），此段时间为 10s，气体体积并没有发送变化，因此是多余的时间，要去除。

| 23.179 | 100.000 | | 1.92E+01 | 9.88E+01 | 45.97 | 1 | 34.263 | 1.858E+01 | G |
| 24.288 | 100.000 | | 9.00E+00 | 9.85E+01 | 48.94 | 1 | 34.263 | 7.489E+00 | G |

气体控制器指数 # 1中的气体注射已结束。

25.037	100.000		2.12E+00	9.83E+01	51.36	1	34.263	0.000E+00	G
26.825	100.000		1.81E+00	9.84E+01	55.75	1	34.263	0.000E+00	G
29.068	100.000		1.75E+00	9.86E+01	59.74	1	34.263	0.000E+00	G
31.261	100.000		1.71E+00	9.88E+01	63.45	1	34.263	0.000E+00	G
33.413	100.000		1.69E+00	9.89E+01	66.61	1	34.263	0.000E+00	G
35.037	100.000		1.66E+00	9.90E+01	68.75	1	34.263	0.000E+00	G

图 8-108 气体注射完成后的日志

根据这些参考，再次对气体压力与时间做出更改。下面进行详细的参数设置，具体操作步骤如下。

01 复制【手柄_study（优化分析）（2）】方案任务，并将其重命名为【手柄_study（优化分析）（3）】，如图 8-109 所示。

02 修改气体入口的属性。这次调整气体与压力时间，将压力和时间分别减少，如图

8-110 所示。

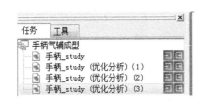

图 8-109　复制并重命名方案任务

图 8-110　设置气体压力和时间

03 重新开始分析,得出第三次优化分析结果。

初步分析完成后,查看并解析第三次的优化结果,具体操作步骤如下。

01 查看溶体充填整个型腔的注射时间,如图 8-111 所示。图中显示溶体的整个充填时间为 5.601s,注射时间再次缩短。

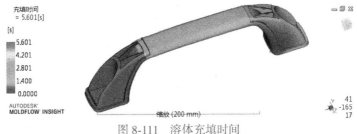

图 8-111　溶体充填时间

02 气体时间。查看氮气注入的时间图,发现气体时间比第二次优化时增加了 5s 左右。气体渗透虽然还有,但已经好了很多。这个根本原因还是气体延迟时间问题(之前没有做改变),如图 8-112 所示。如果再次优化,可以尝试将延迟时间提高到 3s 左右,不理想的话再继续微调。

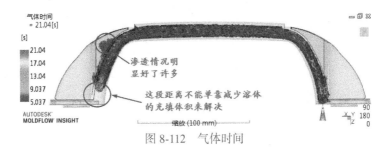

图 8-112　气体时间

03 此时可见还有一段距离没有填充,这是由于没有开设溢料井的缘故,末端的充填压力较大。可以将气体延迟时间减少,意思就是让溶体冻结体积减小,壁厚减小一些,相对气体注射量就多一些,以此可以解决最后末端位置气量注射不足的问题,以及存在部分气体渗透的问题,鉴于调试过程所消耗的时间过于漫长,为节约读者学习时间,此处不再列出优化步骤,读者可按照之前介绍的方法自行调试优化。